JN040744

学ぶ人は、
変えて
ゆく人だ。

目の前にある問題はもちろん、

人生の問いや、

社会の課題を自ら見つけ、

挑み続けるために、人は学ぶ。

「学び」で、

少しずつ世界は変えてゆける。

いつでも、どこでも、誰でも、

学ぶことができる世の中へ。

旺文社

受験生の
50%以上が解ける

落とせない
入試問題 数学

三訂版

旺文社

CONTENTS

🍀🍀🍀 スタッフ

● 編集協力／有限会社編集室ビーライン
校正／株式会社ぷれす　吉川貴子　山下聡
● 本文・カバーデザイン／伊藤幸恵
巻頭イラスト／栗生ゑゐこ

本書の効果的な使い方

本書は，各都道府県の教育委員会が発表している公立高校入試の設問別正答率（一部得点率）データをもとに，受験生の50％以上が正解した問題を集めた画期的な一冊。落とせない基本的な問題ばかりだから，しっかりとマスターしておこう。

STEP 1　出題傾向を知る

まずは，最近の入試出題傾向を分析した記事を読んで，「正答率50％以上の落とせない問題」とはどんな問題か，またその対策をチェックしよう。

STEP 2　例題で要点を確認する

出題傾向をもとに，例題と入試に必要な重要事項，答えを導くための実践的なアドバイスを掲載。得点につながるポイントをおさえよう。

正答率が表示されています。（都道府県によっては抽出データを含みます。なお，問題の趣旨により，一部50％以下の問題も含まれています。）

入試によく出る項目の要点を解説しています。

STEP 3　問題を解いて鍛える

「実力チェック問題」には入試によく出る，正答率が50％以上の問題を厳選。不安なことがあれば，別冊の解説や要点まとめを見直して，しっかりマスターしよう。

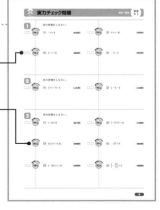

設問ごとにチェックボックスがついています。

82% 多くの受験生が解けた，正答率80％以上の問題には，「絶対落とすな!!」のマークがついています。

※一部オリジナル予想問題を含みます。正答率は表示していません。

本書がマスターできたら…　**正答率50％以下の問題でさらに得点アップをねらおう！**

『受験生の50％以下しか解けない　差がつく入試問題 ● 数学［三訂版］』
本冊96頁・別冊24頁　定価990円（本体900円＋税10％）

これが合格へのカギ！

ここでは，皆さんが受験する公立高校入試で出題される問題の内容について，
どのような傾向や特徴があるかを見ていこう。
出題の傾向や特徴をふまえた学習をすることによって，
これからの受験勉強の効率がアップすること間違いなし!!

● 正答率50%以上の入試問題とは？　〜「50%以下」と比較して見てみよう〜

下の表は，「受験生の50%以上が解ける　落とせない入試問題　数学　三訂版（本書）」と「受験生の50%以下しか解けない　差がつく入試問題　数学　三訂版」に掲載されている項目の比較表です。まずは，これらの項目を比較して，正答率が50%以上になる問題の特徴を探っていこう。

「受験生の50%以上が解ける　落とせない入試問題 ● 数学　三訂版（本書）」と
「受験生の50%以下しか解けない　差がつく入試問題 ● 数学　三訂版」の
掲載項目の比較表

		↑ 50%以上	↓ 50%以下
数と式	正・負の数の加減・乗除	●	
	正・負の数の四則，正負の数の応用	●	
	文字式の計算	●	
	文字式による数量の表し方，式の値	●	●
	多項式の加減，単項式の乗除	●	
	文字式の利用，式の変形，式の計算	●	●
	文字式の計算の利用（2次式）	●	●
	平方根の性質	●	●
	平方根の計算	●	
	多項式の展開	●	
	因数分解	●	
	整数問題	●	●
	乗法公式と平方根の計算	●	●
	数の規則性に関する問題		●

「数の規則性」は
意外と見落としてしまう
内容だが，
マスターしておくと
差がつくぞ！

分野	項目	⬆ 50%以上	⬇ 50%以下
方程式	1 次方程式の解法	●	
	1 次方程式の利用	●	●
	連立方程式の解法	●	
	連立方程式の利用	●	●
	2 次方程式の解法	●	
	2 次方程式の利用	●	●
関数	比例と反比例	●	●
	1 次関数の基本	●	●
	1 次関数の利用	●	●
	1 次関数のグラフの利用	●	●
	関数 $y＝ax^2$	●	●
	放物線と直線	●	●
	$y＝ax^2$ の利用	●	●
図形	空間図形（展開図，位置関係）	●	●
	空間図形（回転体，体積と表面積）	●	●
	空間図形（投影図，球）	●	
	平行線と角	●	
	多角形の角	●	●
	平面図形の性質の利用	●	●
	平行線と線分の比	●	●
	円周角の利用	●	●
	合同	●	●
	相似	●	●
	三平方の定理	●	●
	作図	●	●
	図形の規則性に関する問題		●
データの活用	確率	●	●
	データの活用と比較	●	●
	標本調査	●	●

関数分野は
ほとんどの内容が
基礎から応用まで
出ているぞ！

「合同」と「相似」は
よくでる内容だ！
基礎から応用までしっかり
マスターしておくべし！

各分野，各学年からまんべんなく出題されるぞ！

公立高校の入試問題は右のグラフが示すように，どの分野からもまんべんなく出題されている。また各学年の内容がかたよりなく出題されていて，この傾向はここ数年安定しており，今後も続くと思われる。出題範囲が広いので，不得意な分野を作らないことが重要。レベルは，ほとんどの県で，基本と応用が同じくらいの割合で出題されているので，まず教科書で基礎固めをし，多くの問題をこなすことで応用力・思考力を養おう。

〈分野別　出題数の割合〉

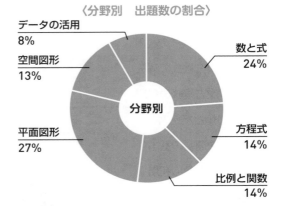

データの活用 8%
空間図形 13%
平面図形 27%
分野別
数と式 24%
方程式 14%
比例と関数 14%

※データは，2022 年に実施された全国の公立入試問題について，旺文社が独自に調べたものです。

各分野で，どのような問題が出るのか……

数と式の分野では，**数の計算**の出題が多く，**文字式の計算**がこれに続く。これらは確実に得点しておきたい。計算はすべての基本なので，日ごろからより速く，より正確に解けるよう練習しておこう。数の規則性に関する問題もよく出題される。数がどのような規則で並んでいるかを見極める力を養っておこう。方程式の分野では，**連立方程式の応用問題**や2

次方程式の解法がよく出題される。応用問題では長文も多い。文章を正確に読み取り，整理して考える力が要求される。数量の関係を表や線分図などを用いて式に表す練習をしておくとよい。関数の分野では，**1 次関数と関数 $y=ax^2$ のグラフ**の**融合問題**が圧倒的に多い。こうした問題では，面積の問題など，図形が絡んでくるものも多く，複数の領域を総合的

🔽 **出題例**　本文：54 ページ　正答率：70%

右の図において，①は関数 $y=\dfrac{1}{2}x^2$ のグラフ，②は①のグラフ上の 2 点 A，B を通る直線であり，点 A の x 座標は -6，点 B の x 座標は 2 である。このとき，次の問いに答えなさい。

〔1〕 関数 $y=\dfrac{1}{2}x^2$ について，x の変域が $-6 \leqq x \leqq 2$ のときの y の変域を求めなさい。　〈山形県・改〉

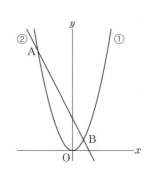

に活用する力が必要とされる。また，問題文やグラフから数量関係を読み取らせる問題や，図形の移動に関する長文問題も増えてきている。長文では，書かれていることを整理・分析する力が必要とされる。日ごろから長文にもチャレンジし，読解力をつけておこう。図形の分野は多岐にわたるが，**合同，相似，円周角の定理，三平方の定理**が中心となる。証明問題も多く出題されている。完答者は少ないが，部分点が与えられることもあるので対策しておこう。そのためにも図形の性質，図形に関する定理はしっかりと頭に入れておこう。確率の問題では，基本的なものが多い。落ちや重なりのないように順序よく数えあげることが基本である。樹形図や表の利用の仕方にも慣れておこう。

📌 **出題例**　**本文：75ページ　正答率：60%**

右の図のように，円Oの円周上に3点A，B，Cを，∠BACが鈍角となるようにとり，△ABCをつくる。中心Oと点A，中心Oと点Cをそれぞれ結ぶ。線分OA，BCの交点をDとする。
∠BAO=65°，∠AOC=80° のとき，∠CDOの大きさは＿＿°である。

〈福岡県〉

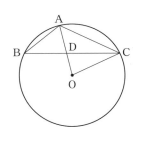

計算問題 は 解けて当たり前！　角の問題 も 絶対落とすな!!

　正答率の高い問題としては，まず**正・負の数の計算，文字式の計算**があげられる。これらはほとんどの人が正解していて，決して落としてはならない問題である。そのほかに，**式の展開，因数分解，平方根の計算，方程式の解法**などの計算問題も正答率が高い。計算問題では，間違えたときに，自分がどのような間違いをおかしやすいか確認して，問題にあたるときは，特にその点に注意を払うようにしよう。計算問題以外では，**多角形の角，平行線と角，円周角**などの問題の正答率が高い。これらの問題は，補助線をひいたり，多角形の外角や三角形の内角と外角の関係を利用したりするなど，解き方にパターンがある。図を見て，これはこのパターンと分かるようになろう。

📌 **出題例**　**本文：67ページ　正答率：86%**

右の図において，∠x の大きさを求めなさい。

〈長崎県〉

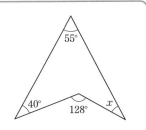

正・負の数の加減・乗除

例　題

〔1〕　$2-7-(-8)$ を計算しなさい。　　　　　　　　　　　　　　　〈山形県〉

〔2〕　$4 \times (-7)$ を計算しなさい。　　　　　　　　　　　　　　　〈北海道〉

〔3〕　$14 \div \left(-\dfrac{7}{5}\right)$ を計算しなさい。　　　　　　　　　　　　　〈長野県〉

正答率

絶対落とすな!!
〔1〕
97%

絶対落とすな!!
〔2〕
96%

絶対落とすな!!
〔3〕
91%

解き方・考え方

〔1〕　$2-7\underline{-(-8)}=2-7\underline{+(+8)}=2-7+8=2+8-7=3$
　　　　　　　　　　　　　　減法はひく数の符号を変えて加法にする。

〔2〕　$4\times\underline{(-7)}=\underline{-}(4\times7)=-28$
　　　　　　　　　　異符号の 2 数の積なので，積の符号は $-$

〔3〕　$14\div\left(-\dfrac{7}{5}\right)=\underline{-}\left(14\div\dfrac{7}{5}\right)=-\left(14\times\dfrac{5}{7}\right)=-2\times5=-10$
　　　　　　　　　　　　　　　　　　　　除法は逆数をかける乗法になおす。

　　　　　　まず商の符号を決定する。

☆正・負の数の計算では，特に符号に注意して計算する。
☆計算ミスを防ぐには，途中の計算を省略せずに丁寧に書く。

解答　〔1〕 3　　〔2〕 -28　　〔3〕 -10

入試必出！**要点まとめ**

● **正・負の数の四則計算**
同符号の加法…絶対値の和に，共通の符号をつける。
　　　　例　$(-2)+(-4)=-(2+4)=-6$
異符号の加法…絶対値の差に，絶対値の大きいほうの符号をつける。
　　　　例　$(-2)+(+4)=+(4-2)=2,\ (-4)+(+2)=-(4-2)=-2$
減法…ひく数の符号を変えて，加法になおして計算する。
　　　　例　$(-2)-(+4)=-2+(-4)=-(2+4)=-6,\ (-2)-(-4)=(-2)+(+4)=+(4-2)=2$
同符号の 2 数の乗法・除法…$(+)\times(+)\rightarrow(+)$　$(+)\div(+)\rightarrow(+)$
　　　　　　　　　　　　　　$(-)\times(-)\rightarrow(+)$　$(-)\div(-)\rightarrow(+)$
異符号の 2 数の乗法・除法…$(+)\times(-)\rightarrow(-)$　$(+)\div(-)\rightarrow(-)$
　　　　　　　　　　　　　　$(-)\times(+)\rightarrow(-)$　$(-)\div(+)\rightarrow(-)$

1 次の計算をしなさい。

□□□ 99% 〔1〕 $-9+2$ 〈新潟県〉

□□□ 99% 〔2〕 $6+(-8)$ 〈長野県〉

□□□ 96% 〔3〕 $4-(-5)$ 〈福島県〉

□□□ 94% 〔4〕 $-3-4$ 〈高知県〉

2 次の計算をしなさい。

□□□ 95% 〔1〕 $3+(-7)-2$ 〈山形県〉

□□□ 94% 〔2〕 $1-5-2$ 〈広島県〉

3 次の計算をしなさい。

□□□ 99% 〔1〕 $(-4)\times8$ 〈栃木県〉

□□□ 96% 〔2〕 $(-7)\times(-4)$ 〈広島県〉

□□□ 84% 〔3〕 $0.2\times(-0.4)$ 〈愛媛県〉

□□□ 99% 〔4〕 $-27\div9$ 〈青森県〉

□□□ 98% 〔5〕 $(-30)\div(-6)$ 〈長野県〉

□□□ 92% 〔6〕 $\left(-\dfrac{8}{3}\right)\div4$ 〈福島県〉

正・負の数の四則の混じった計算と利用

例 題

正答率
↓

絶対落とすな!!
【1】
96%

絶対落とすな!!
【2】
91%

絶対落とすな!!
【3】
91%

〔1〕 $(-4)×6-15÷(-3)$ を計算しなさい。 〈大阪府〉

〔2〕 $2+3×(1-4)$ を計算しなさい。 〈神奈川県〉

〔3〕 $-5^2+(-2)^2$ を計算しなさい。 〈山梨県〉

解き方・考え方

〔1〕 乗法，除法を先に計算する。
与式$=-24-(-5)=-24+5=-19$

〔2〕 かっこの中，乗法，加法の順に計算する。
与式$=2+3×(-3)=2-9=-7$

〔3〕 累乗を先に計算する。
与式$=-25+4=-21$

解 答 〔1〕 -19 〔2〕 -7 〔3〕 -21

入試必出! **要点まとめ**

● $(-3)^2$ と -3^2 のちがい
$(-3)^2=(-3)×(-3)=9$ ……-3 を2個かける。
$-3^2=-3×3=-9$ ……3だけを2個かけて，$-$ の符号をつける。

● 四則計算の計算順序
かっこの中→累乗→乗・除→加・減の順に計算する。
例 $5+(-3-2)×2^2 =5+(-5)×4$
  ①   ① $=5-20$
      ② $=-15$
    ③

● 積や商の符号
乗除の計算で，負の数が偶数個 → 符号は $+$，奇数個 → 符号は $-$
例 $-3×(-2)×(-5)=-30$, $-3×(-2)×(-5)×(-1)=+30=30$

● 負の数の大小
負の数は，絶対値が大きいほうが小さい。 例 $-3<-1$

1 次の計算をしなさい。

絶対落とすな!! **96%** 〔1〕 $4-(2-5)$ 〈山形県〉

絶対落とすな!! **94%** 〔2〕 $5-(8+2)$ 〈秋田県〉

絶対落とすな!! **92%** 〔3〕 $1+2\times(3-8)$ 〈神奈川県〉

絶対落とすな!! **92%** 〔4〕 $-\dfrac{3}{5}\times\left(\dfrac{1}{2}-\dfrac{1}{3}\right)$ 〈山形県〉

絶対落とすな!! **90%** 〔5〕 $3-7\times(6-7)$ 〈神奈川県〉

絶対落とすな!! **92%** 〔6〕 $(-7)^2-3^2$ 〈山梨県〉

絶対落とすな!! **91%** 〔7〕 $6\div(-3)+(-4)^2$ 〈長野県〉

71% 〔8〕 $(-2)^2-5\times(-0.2)$ 〈佐賀県〉

2 次の問いに答えなさい。

絶対落とすな!! **91%** 〔1〕 土曜日の最低気温は -2℃ だったが，日曜日の最低気温は土曜日の最低気温より 5℃ 高くなった。日曜日の最低気温を求めなさい。 〈秋田県〉

絶対落とすな!! **80%** 〔2〕 a, b を負の数とするとき，次のア～エの式のうち，その値がつねに負になるものはどれか，1つ選び，記号を答えなさい。
ア ab　　イ $a+b$　　ウ $-(a+b)$　　エ $(a-b)^2$ 〈大阪府〉

69% 〔3〕 次の3つの数を，数直線上で1からの距離が小さい順に，左から並べて書きなさい。
$-2,\ 0,\ 3$ 〈秋田県〉

文字式の計算

〔1〕 $(10a-4)\div2$ を計算しなさい。　　　　　　　　　　　　　〈岐阜県〉

正答率

↓

絶対落とすな!!

〔1〕

93%

〔2〕 $(-a)^2\times7a$ を計算しなさい。　　　　　　　　　　　　　〈奈良県〉

絶対落とすな!!

〔2〕

91%

絶対落とすな!!

〔3〕

88%

〔3〕 $7(8x+9)-3(6-x)$ を計算しなさい。　　　　　　　　　　　〈鹿児島県〉

解き方・考え方

〔1〕 与式 $=10a\div2-4\div2=5a-2$

〔2〕 $a^2\times a=a\times a\times a=a^3$ より，

　　 与式 $=(-a)\times(-a)\times7a=a^2\times7a=7\times a^2\times a=7a^3$

〔3〕 まず，分配法則でかっこをはずし，同類項をまとめる。

　　 与式 $=7\times8x+7\times9-(3\times6-3\times x)$

　　　　 $=56x+63-(18-3x)=56x+63-18+3x$

　　　　 $=(56+3)x+63-18=59x+45$

☆前に $-$ があるかっこをはずすときは，符号に気をつける。

解答 〔1〕 $5a-2$　　〔2〕 $7a^3$　　〔3〕 $59x+45$

入試必出!・**要点まとめ**

● **文字式の表し方のきまり**

　×の記号ははぶき，数と文字との積は，数を文字の前に書く。　例　$a\times7\to7a$

　÷の記号ははぶき，分数の形で書く。　例　$5a\div3\to\dfrac{5a}{3}$（または，$\dfrac{5}{3}a$）

　文字どうしの積は，一般に，アルファベット順に書く。　例　$b\times a\times c\to abc$

　同じ文字の積は，累乗の形で書く。　例　$a^2b\times a\to a^3b$

● **文字式の計算**

　分配法則… $m(a+b)=ma+mb$　　　$m(a-b)=ma-mb$

　同類項…文字の部分が同じ項は，分配法則を逆に使って，1つにまとめる。

　　例　$3a+b+2a=3a+2a+b=(3+2)a+b=5a+b$

　式の加法…たす式の各項の符号を変えず，かっこをはずし，同類項をまとめる。

　式の減法…ひく式の各項の符号を変えて，加法になおし，同類項をまとめる。

　　例　$a+(b+a)=a+b+a=2a+b$　　　　$a-(b-a)=a+(-b+a)=a-b+a=2a-b$

1 次の計算をしなさい。

絶対落とすな!! 95% [1] $-2a+5a$ 〈埼玉県〉

絶対落とすな!! 90% [2] $\dfrac{3}{4}a-\dfrac{2}{3}a$ 〈滋賀県〉

絶対落とすな!! 84% [3] $\dfrac{3x-2}{5}\times 10$ 〈栃木県〉

74% [4] $\dfrac{1}{4}a-\dfrac{5}{6}a+a$ 〈滋賀県〉

2 次の計算をしなさい。

絶対落とすな!! 87% [1] $3a-2(a+6)$ 〈滋賀県〉

絶対落とすな!! 93% [2] $2(3a+1)-(2a-5)$ 〈福岡県〉

絶対落とすな!! 92% [3] $2(2a+1)+3(a-1)$ 〈宮城県〉

絶対落とすな!! 88% [4] $4(x+2)-(x+7)$ 〈新潟県〉

絶対落とすな!! 85% [5] $\dfrac{1}{9}(3x+7)-\dfrac{1}{3}(x+1)$ 〈神奈川県〉

絶対落とすな!! 83% [6] $\dfrac{1}{8}(7x-4)-\dfrac{1}{2}(x-1)$ 〈神奈川県〉

文字式による数量の表し方，式の値

例題

〔1〕 a 個のあめを，1 人 5 個ずつ b 人に配ると 4 個余る。a，b の関係を等式に表しなさい。〈宮崎県〉

正答率

↓

(1) 74%

(2) 76%

〔2〕 $a=\dfrac{2}{5}$ のとき，$3(2a-1)-(a-5)$ の値を求めなさい。〈福島県〉

解き方・考え方

〔1〕（あめ全部の個数）＝（b 人に配った個数）＋（余った個数）

の式にあてはめて，$a=5\times b+4=5b+4$

〔2〕まず式を簡単にしてから，値を代入する。

与式＝$6a-3-a+5=5a+2$

この式に $a=\dfrac{2}{5}$ を代入して，$5\times\dfrac{2}{5}+2=4$

解答 〔1〕$a=5b+4$ （$a-5b=4$，$a-4=5b$ でもよい） 〔2〕4

入試必出！ 要点まとめ

● **文字式のつくり方**
　① ことばで数量の関係の式をつくる。
　② ことばを，数や文字におきかえる。
　③ 文字式の表し方のきまりにしたがって，式を書く。

● **式の値**
　式の中の文字を数に置き換えることを代入といい，代入して計算した結果を式の値という。

● **主な数量の関係**
　・（代金）＝（1 個の値段）×（個数）
　・（速さ）＝$\dfrac{(道のり)}{(時間)}$，（時間）＝$\dfrac{(道のり)}{(速さ)}$，（道のり）＝（速さ）×（時間）
　・（定価）＝（原価）＋（利益）
　・（わられる数）＝（わる数）×（商）＋（余り）
　・（平均）＝$\dfrac{(数量の合計)}{(個数)}$

● **文字式における注意点**
　式の中の単位はそろえる。
　　例 縦 a m，横 b cm の長方形の面積は，
　　$100a\times b=100ab$（cm²）　または，$a\times\dfrac{b}{100}=\dfrac{ab}{100}$（m²）

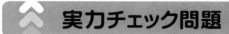

1 次の問いに答えなさい。

94%
〔1〕 80 円切手を a 枚と，120 円切手を b 枚買ったときの代金の合計を，a, b を使った式で表しなさい。　　〈福島県〉

79%
〔2〕 中学生 a 人に 1 人 4 枚ずつ，小学生 b 人に 1 人 3 枚ずつ折り紙を配ろうとすると，100 枚ではたりない。このときの数量の間の関係を，不等式で表しなさい。　　〈福島県〉

75%
〔3〕 ある美術館では，中学生 1 人の入館料は a 円で，大人 1 人の入館料は b 円である。このとき，$3a+2b$ はどんな数量を表しているか，求めなさい。　　〈山梨県〉

2 次の問いに答えなさい。

92%
〔1〕 $a=-1$, $b=-2$ のとき，$4a^2+5b$ の値を求めなさい。　　〈福岡県〉

79%
〔2〕 折り紙を a 人の生徒に配るのに，1 人に 3 枚ずつ配ろうとすると，b 枚たりなくなる。このとき，折り紙の枚数を，a, b を使った式で表しなさい。　　〈福島県〉

60%
〔3〕 次のア～オのうち，ab という式で表されるものをすべて選び，記号を書きなさい。
　ア　ジュース a L を b 人で同量ずつに分けたときの 1 人当たりのジュースの量(L)
　イ　1 個 a g の分銅 b 個の質量(g)
　ウ　a m の道のりを分速 b m で進むときにかかる時間(分)
　エ　縦の長さが a cm，横の長さが b cm である長方形の面積(cm^2)
　オ　十の位の数が a，一の位の数が b である自然数　　〈大阪府〉

多項式の加減, 多項式と数の乗除, 単項式の乗除

例題

〔1〕 $\dfrac{3x-2y}{6}-\dfrac{2x-y}{9}$ を計算しなさい。 〈長崎県〉

正答率

↓

絶対落とすな!!

〔1〕
93%

〔2〕 $4a^2b^3 \div 2ab \times (-a^2)$ を計算しなさい。 〈秋田県〉

〔2〕
75%

解き方・考え方

〔1〕 方程式を解くときのように,分母をはらってはダメ。通分して,同類項をまとめる。

$$与式 = \frac{3(3x-2y)}{18} - \frac{2(2x-y)}{18}$$ ← 通分するとき,分子にかっこをつける。

$$= \frac{3(3x-2y)-2(2x-y)}{18}$$

$$= \frac{9x-6y-4x+2y}{18}$$ ← 符号に注意して,かっこをはずす。

$$= \frac{5x-4y}{18}$$ ← 同類項をまとめる。

〔2〕 式の符号を決定する。→ 除法は乗法になおす。

$$与式 = -4a^2b^3 \times \frac{1}{2ab} \times a^2$$

$$= -\frac{4a^2b^3 \times a^2}{2ab} = -2a^3b^2$$

※計算の順序に気をつける。$\div(-2a^3b)$ としない。

解答 〔1〕 $\dfrac{5x-4y}{18}$ 〔2〕 $-2a^3b^2$

入試必出! **要点まとめ**

● **多項式の加法,減法,数×(多項式)** (説明は,P.12 の「文字式の計算」の要点まとめ参照)
  例 $(2a+b)+(4a-b)=2a+b+4a-b=6a$
  例 $(2a+b)-(4a-b)=2a+b-4a+b=-2a+2b$
  例 $-5(2x-3y+4)=-10x+15y-20$
● **(単項式)×(単項式)** は,数どうし,文字どうしをそれぞれかける。
  例 $3x \times 2y = (3 \times 2) \times (x \times y) = 6xy$
● **(単項式)÷(単項式)** は,乗法になおし,約分する。
  例 $5x^2y \div 3xy^2 = 5x^2y \times \dfrac{1}{3xy^2} = \dfrac{5x^2y}{3xy^2} = \dfrac{5x}{3y}$

1 次の計算をしなさい。

 95% 〔1〕 $2(x+3y)-(x+4y)$ 〈奈良県〉

95% 〔2〕 $-4(a-b)+5(a-2b)$ 〈宮崎県〉

94% 〔3〕 $2(4a-3b)-3(a-2b)$ 〈新潟県〉

91% 〔4〕 $a+6b-2(5a-b)$ 〈東京都〉

86% 〔5〕 $(x+2y-5)-2(3x-y-4)$ 〈愛媛県〉

62% 〔6〕 $\dfrac{5a-b}{2}-\dfrac{a-7b}{4}$ 〈東京都〉

2 次の計算をしなさい。

 95% 〔1〕 $10ab\div(-2a)$ 〈岡山県〉

 93% 〔2〕 $6a^2b^3\div2ab^2$ 〈栃木県〉

 85% 〔3〕 $8xy^2\times\dfrac{3}{4}x$ 〈山梨県〉

 85% 〔4〕 $24a^3b^3\div4ab\div2b$ 〈新潟県〉

70% 〔5〕 $(-8x^2y)^2\div4xy$ 〈大阪府〉

64% 〔6〕 $3ab^2\times(-2a)^3\div\left(-\dfrac{8}{3}ab\right)$ 〈長崎県〉

文字式による数の表し方，等式の変形

〔1〕 n を整数とするとき，必ず 3 の倍数となるのは，次の(ア)～(オ)のうち，どれか。答えなさい。

(ア) $2n+3$　　(イ) $3n+4$　　(ウ) $4n+6$　　(エ) $5n+6$　　(オ) $6n+9$

〈岡山県・改〉

〔2〕 右の図で，縦が a cm，横が $(b+c)$ cm の長方形の面積 S cm² は，次の式で表される。

$$S=a(b+c)$$

この式を b について解きなさい。　　〈青森県〉

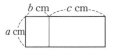

解き方
・
考え方

〔1〕 式を変形して 3×(整数) の形に表せるものは，3 の倍数。

(ア) $2n+3=3(n+1)-n$　　← 3 の倍数 $-n$　　×

(イ) $3n+4=3(n+1)+1$　　← 3 の倍数 $+1$　　×

(ウ) $4n+6=3(n+2)+n$　　← 3 の倍数 $+n$　　×

(エ) $5n+6=3(n+2)+2n$　　← 3 の倍数 $+2n$　　×

(オ) $6n+9=3(2n+3)$　　　← 3 の倍数　　　○

(ア)，(ウ)，(エ)は，n が 3 の倍数のときのみ，3 の倍数になる。

〔2〕 $S=a(b+c)$

$a(b+c)=S$　　⤵ 両辺を入れかえる。

$b+c=\dfrac{S}{a}$　　⤴ 両辺を a でわる。

$b=\dfrac{S}{a}-c$　　↰ c を移項する。

(別解) かっこをはずして，

$S=ab+ac$

$ab+ac=S$

$ab=S-ac$

$b=\dfrac{S}{a}-c$

解 答　〔1〕(オ)　〔2〕$b=\dfrac{S}{a}-c\left(b=\dfrac{S-ac}{a}\right)$

 入試必出！ **要点まとめ**

● **文字式による数の表し方**
  ・n を整数とすると，偶数は $2n$，奇数は $2n-1$，$2n+1$ などと表せる。
  ・a，b を 1 けたの正の整数とすると，十の位の数が a，一の位の数が b の 2 けたの整数は，$10a+b$

● **等式の変形**
  例　$S=\dfrac{1}{2}ah$ を，h について解く。→ $h=$ の形にする。

  両辺を入れかえて(移項して)，$\dfrac{1}{2}ah=S$　両辺に $\dfrac{2}{a}$ をかけて$\left(\dfrac{a}{2}\ \text{でわって}\right)$，$h=\dfrac{2S}{a}$

1 次の式の値を求めなさい。

74% 〔1〕 $a=\dfrac{1}{2}$, $b=-5$ のとき，$3(a+b)-(a+4b)$ の値 〈長野県〉

53% 〔2〕 $x=3$, $y=-8$ のとき，$\dfrac{3x-4y}{2}-\dfrac{2x-3y}{4}$ の値 〈青森県〉

2 次の問いに答えなさい。

77% 〔1〕 $3a+2b=7$ を，a について解きなさい。 〈長野県〉

64% 〔2〕 等式 $c=\dfrac{1}{4}(a+3b)$ を，a について解きなさい。 〈千葉県〉

式の展開

〔1〕 $(x+4)(x-4)+(x+3)(x+2)$ を計算しなさい。 〈愛媛県〉

正答率

↓

絶対落とすな!!
〔1〕
84%

絶対落とすな!!
〔2〕
81%

〔2〕 $(x-1)(x+5)+(x-2)^2$ を計算しなさい。 〈神奈川県〉

解き方・考え方

式の展開とは，単項式と多項式や多項式と多項式の積の形をした式を，かっこをはずして，単項式の和の形に表すこと。

和の形に表した式では，同類項をまとめる。

〔1〕 与式$=(x^2-16)+\{x^2+(3+2)x+3\times2\}$ ← 2つの積の形の式を，それぞ
$\qquad =x^2-16+x^2+5x+6$ れ乗法公式を使って展開する。
$\qquad =2x^2+5x-10$ ← 同類項をまとめる。

〔2〕 与式$=\{x^2+(-1+5)x+(-1)\times5\}+(x^2-2\times2\times x+2^2)$
$\qquad =x^2+4x-5+x^2-4x+4$
$\qquad =2x^2-1$

解答 〔1〕 $2x^2+5x-10$ 〔2〕 $2x^2-1$

 入試必出! **要点まとめ**

● **単項式と多項式の乗法・除法，多項式と多項式の乗法・除法**
分配法則を使ってかっこをはずす。除法は，乗法になおして計算する。
$a(b+c)=ab+ac$ 例 $x(2y+z)=x\times2y+x\times z=2xy+xz$
$(a+b)\div c=(a+b)\times\dfrac{1}{c}=\dfrac{a}{c}+\dfrac{b}{c}$ 例 $(3x+2xy)\div x=\dfrac{3x+2xy}{x}=\dfrac{3x}{x}+\dfrac{2xy}{x}=3+2y$
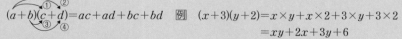 例 $(x+3)(y+2)=x\times y+x\times2+3\times y+3\times2$
$\qquad\qquad\qquad\qquad\qquad\qquad\qquad =xy+2x+3y+6$

● **乗法公式による式の展開**
$(x+a)(x+b)=x^2+(a+b)x+ab$ 例 $(x+2)(x+3)=x^2+(2+3)x+2\times3=x^2+5x+6$
$(x+a)^2=x^2+2ax+a^2$ （和の平方の公式） 例 $(x+3)^2=x^2+2\times3\times x+3^2=x^2+6x+9$
$(x-a)^2=x^2-2ax+a^2$ （差の平方の公式） 例 $(x-3)^2=x^2-2\times3\times x+3^2=x^2-6x+9$
$(x+a)(x-a)=x^2-a^2$ （和と差の積の公式） 例 $(x+4)(x-4)=x^2-4^2=x^2-16$

1 次の計算をしなさい。

絶対落とすな!! **95%** 〔1〕 $x(3x-2)+2x$ 〈山梨県〉

絶対落とすな!! **89%** 〔2〕 $3(x^2+2x-4)-2(3x-5)$
〈山梨県〉

絶対落とすな!! **87%** 〔3〕 $(12xy-3x)\div 3x$ 〈山形県〉

絶対落とすな!! **84%** 〔4〕 $(9a^2b-6ab^2)\div 3ab$ 〈滋賀県〉

2 次の式を展開しなさい。

絶対落とすな!! **86%** 〔1〕 $(x+4y)(x-4y)$ 〈広島県〉

絶対落とすな!! **84%** 〔2〕 $(x-8)(x+7)$ 〈青森県〉

77% 〔3〕 $(2x-5y)^2$ 〈広島県〉

77% 〔4〕 $(2x+1)^2$ 〈滋賀県〉

3 次の計算をしなさい。

絶対落とすな!! **88%** 〔1〕 $(x-6y)(x+6y)+y^2$ 〈奈良県〉

絶対落とすな!! **81%** 〔2〕 $(x+1)(x-4)-(x-7)^2$
〈愛媛県〉

絶対落とすな!! **80%** 〔3〕 $(x-2)(x-5)+(x+3)(x-3)$
〈愛媛県〉

78% 〔4〕 $(x-3)^2-(x-2)(x+3)$
〈神奈川県〉

因数分解

例題

正答率
↓

絶対落とすな!!
(1)
91%

絶対落とすな!!
(2)
88%

(3)
50%

〔1〕 $x^2-3x-10$ を因数分解しなさい。　　　　　　　　　　　　〈大阪府〉

〔2〕 $(x+1)(x-8)+5x$ を因数分解しなさい。　　　　　　　　　　〈神奈川県〉

〔3〕 $P=1\times2\times3\times4\times5\times6\times7\times8\times9\times10$ とする。P を素因数分解すると，
　　　$P=2^a\times3^b\times5^c\times7$ となる。a，b，c の値を求めなさい。　〈宮崎県・改〉

解き方
・
考え方

因数分解は，多項式をいくつかの因数の積で表す(乗法公式を逆に使う)。

〔1〕 積が -10，和が -3 になる 2 数を見つける。

　　　与式$=x^2+\{(-5)+2\}x+(-5)\times2$
　　　　　$=(x-5)(x+2)$

〔2〕 式を計算，整理してから因数分解する。

　　　与式$=x^2-7x-8+5x=x^2-2x-8$
　　　　　$=x^2+\{(-4)+2\}x+(-4)\times2=(x-4)(x+2)$

〔3〕 $4=2^2$，$6=2\times3$，$8=2^3$，$9=3^2$，$10=2\times5$ より，

　　　$P=2\times3\times2^2\times5\times2\times3\times7\times2^3\times3^2\times2\times5$
　　　　$=2\times2^2\times2\times2^3\times2\times3\times3\times3^2\times5\times5\times7=2^8\times3^4\times5^2\times7$

解答 〔1〕 $(x-5)(x+2)$　　〔2〕 $(x-4)(x+2)$　　〔3〕 $a=8$，$b=4$，$c=2$

入試必出! **要点まとめ**

● **因数分解の方法**
　・共通因数があれば，くくり出す。　　$mx+my=m(x+y)$　（分配法則）
　・乗法公式を逆に利用する。
　　$x^2+(a+b)x+ab=(x+a)(x+b)$　　　　$x^2-a^2=(x+a)(x-a)$
　　$x^2+2ax+a^2=(x+a)^2$　　　　　　　$x^2-2ax+a^2=(x-a)^2$

● **素因数分解**
　自然数を素数だけの積の形に表すことを，その数を素因数分解するという。
　同じ数の積は，累乗の形にする。　　例　$8=2\times2\times2=2^3$，$12=2\times2\times3=2^2\times3$

● **因数分解を利用する式の値**
　　例　$a=18$，$b=12$ のとき，a^2-b^2 の値は，$a^2-b^2=(a+b)(a-b)$ より，
　　$(18+12)\times(18-12)=30\times6=180$

1 次の式を因数分解しなさい。

93% 〔1〕 $x^2+10x+25$ 〈福岡県〉

88% 〔2〕 x^2+6x+8 〈宮城県〉

83% 〔3〕 x^2-x-20 〈愛媛県〉

74% 〔4〕 $9x^2-49y^2$ 〈長野県〉

85% 〔5〕 $(x-5)(x-1)-12$ 〈神奈川県〉

74% 〔6〕 $2x^2+10x-12$ 〈千葉県〉

2 次の問いに答えなさい。

81% 〔1〕 84 を素因数分解しなさい。 〈栃木県〉

69% 〔2〕 45 にできるだけ小さい自然数 n をかけて，その結果をある自然数の平方にしたい。n を求めなさい。 〈福島県〉

3 次の式の値を求めなさい。

89% 〔1〕 $x=22$ のとき，x^2-4x+4 の値 〈埼玉県〉

74% 〔2〕 $x=2008$, $y=2007$ のとき，x^2-y^2 の値 〈秋田県〉

平方根の性質

例題

〔1〕 次の数を大きい順に左から並べなさい。

$$2\sqrt{2},\ \sqrt{7},\ 3$$

〈岐阜県〉

正答率

↓

(1) 76%

〔2〕 $\sqrt{\dfrac{45}{2}n}$ が自然数となるような，最も小さい自然数 n の値を求めなさい。

〈神奈川県〉

(2) 63%

解き方・考え方

〔1〕 正の平方根の大小は，それぞれの数を 2 乗して比べる。

$(2\sqrt{2})^2=8,\ (\sqrt{7})^2=7,\ 3^2=9$

$9>8>7$ より，$3>2\sqrt{2}>\sqrt{7}$

〔2〕 根号の中の数が自然数の 2 乗となるような n を見つける。

$$\sqrt{\frac{45}{2}n}=\sqrt{\frac{3^2\times5}{2}n}=3\sqrt{\frac{5n}{2}}$$

$\dfrac{5n}{2}$ が自然数の 2 乗となる最小の n は，$n=2\times5=10$

このとき，$\sqrt{\dfrac{45}{2}n}=3\sqrt{\dfrac{5\times2\times5}{2}}=3\times5=15$ となる。

解答 〔1〕 $3,\ 2\sqrt{2},\ \sqrt{7}$ 〔2〕 $n=10$

入試必出！ 要点まとめ

● **平方根の意味**

$a>0$ のとき，a の平方根は，$\sqrt{a}$ と $-\sqrt{a}$ **例** 3 の平方根は $\sqrt{3}$ と $-\sqrt{3}$

0 の平方根は 0 だけ

● **根号のはずし方**

$a>0$ のとき，$\sqrt{a^2}=a,\ -\sqrt{a^2}=-a$

$(\sqrt{a})^2=a,\ (-\sqrt{a})^2=a$

$\sqrt{(-a)^2}=\sqrt{a^2}=a$

例 $\sqrt{3^2}=3,\ -\sqrt{3^2}=-3,\ (\sqrt{3})^2=3,\ (-\sqrt{3})^2=3,\ \sqrt{(-3)^2}=\sqrt{3^2}=3$

● **平方根の大小**

$a>0,\ b>0$ のとき，$a<b\ \rightarrow\ \sqrt{a}<\sqrt{b},\ -\sqrt{a}>-\sqrt{b}$

例 $\sqrt{3}<\sqrt{5},\ -\sqrt{3}>-\sqrt{5}$

1 次の ［ P ］，［ Q ］ にあてはまる数を求め，下のア～エの中から正しいものを 1 つ選び，その記号を書きなさい。

① 64 の平方根は ［ P ］ である。

② $\sqrt{(-3)^2} =$ ［ Q ］

ア　P は 8，Q は 3 である。

イ　P は ±8，Q は 3 である。

ウ　P は 8，Q は −3 である。

エ　P は ±8，Q は −3 である。 〈埼玉県〉

---

2 次の問いに答えなさい。

72% (1) 3 つの数 $\dfrac{2}{3}$，$\dfrac{\sqrt{3}}{3}$，$\dfrac{\sqrt{2}}{2}$ のうち，最も小さい数はどれか，答えなさい。 〈奈良県〉

50% (2) $3 < \sqrt{n} < 4$ となるような自然数 n の個数を求めなさい。 〈高知県〉

---

3 次の問いに答えなさい。

69% (1) $\sqrt{96n}$ が自然数となるような，最も小さい自然数 n の値を求めなさい。 〈神奈川県〉

53% (2) $\sqrt{3} = 1.732$ として，$\dfrac{1}{\sqrt{3}}$ のおよその値を四捨五入して小数第 2 位まで求めなさい。 〈岐阜県〉

平方根の計算

(1) $\sqrt{27}+\sqrt{12}-\sqrt{3}$ を計算しなさい。 〈宮城県〉

(2) $\sqrt{20}+\sqrt{15}\div\sqrt{3}$ を計算しなさい。 〈山梨県〉

(3) $\sqrt{48}-\dfrac{9}{\sqrt{3}}$ を計算しなさい。 〈東京都〉

解き方・考え方

$\sqrt{}$ の中の数ができるだけ小さくなるように変形し，$\sqrt{}$ の中の数が同じものどうしをまとめる。

(1) 与式 $=\sqrt{3^2\times3}+\sqrt{2^2\times3}-\sqrt{3}=3\sqrt{3}+2\sqrt{3}-\sqrt{3}$
$=(3+2-1)\sqrt{3}=4\sqrt{3}$

(2) 与式 $=2\sqrt{5}+\dfrac{\sqrt{15}}{\sqrt{3}}=2\sqrt{5}+\sqrt{\dfrac{15}{3}}=2\sqrt{5}+\sqrt{5}=3\sqrt{5}$

(3) 分母に根号があるときは，分母と分子に同じ数をかけて，分母に根号がない形にする。

与式 $=4\sqrt{3}-\dfrac{9\times\sqrt{3}}{\sqrt{3}\times\sqrt{3}}=4\sqrt{3}-\dfrac{9\sqrt{3}}{3}=4\sqrt{3}-3\sqrt{3}=\sqrt{3}$

解答 (1) $4\sqrt{3}$ (2) $3\sqrt{5}$ (3) $\sqrt{3}$

 入試必出! **要点まとめ**

● **平方根の乗法・除法**
$a>0$，$b>0$ のとき
$a\sqrt{b}=\sqrt{a^2\times b}$ 例 $3\sqrt{2}=\sqrt{3^2\times2}=\sqrt{18}$　　$\sqrt{a}\times\sqrt{b}=\sqrt{ab}$ 例 $\sqrt{2}\times\sqrt{3}=\sqrt{2\times3}=\sqrt{6}$
$\dfrac{\sqrt{b}}{\sqrt{a}}=\sqrt{\dfrac{b}{a}}$ 例 $\dfrac{\sqrt{6}}{\sqrt{3}}=\sqrt{\dfrac{6}{3}}=\sqrt{2}$

● **平方根の加法・減法**
$m\sqrt{a}+n\sqrt{a}=(m+n)\sqrt{a}$ 例 $3\sqrt{2}+5\sqrt{2}=(3+5)\sqrt{2}=8\sqrt{2}$，$3\sqrt{2}-5\sqrt{2}=(3-5)\sqrt{2}=-2\sqrt{2}$

● **分母の有理化（分母を $\sqrt{}$ のない形にする）**
$\dfrac{b}{\sqrt{a}}=\dfrac{b\times\sqrt{a}}{\sqrt{a}\times\sqrt{a}}=\dfrac{b\sqrt{a}}{a}$ 例 $\dfrac{4}{\sqrt{2}}=\dfrac{4\times\sqrt{2}}{\sqrt{2}\times\sqrt{2}}=\dfrac{4\sqrt{2}}{2}=2\sqrt{2}$

$\dfrac{b}{m\sqrt{a}}=\dfrac{b\times\sqrt{a}}{m\sqrt{a}\times\sqrt{a}}=\dfrac{b\sqrt{a}}{ma}$ ← $\sqrt{a}$ だけを，分母と分子にかける。

1 次の計算をしなさい。

絶対落とすな!!
95% 〔1〕 $5\sqrt{5} - \sqrt{20}$　〈埼玉県〉

絶対落とすな!!
94% 〔2〕 $-2\sqrt{2} + \sqrt{18}$　〈福島県〉

2 次の計算をしなさい。

絶対落とすな!!
94% 〔1〕 $\sqrt{48} - \sqrt{12} + \sqrt{3}$　〈福岡県〉

82% 〔2〕 $\sqrt{50} \div \sqrt{2}$　〈広島県〉

78% 〔3〕 $\sqrt{6} \times \sqrt{8} - \sqrt{15} \div \sqrt{5}$　〈新潟県〉

74% 〔4〕 $\sqrt{27} - \sqrt{2} \times \sqrt{18} \div \sqrt{3}$　〈秋田県〉

3 次の計算をしなさい。

絶対落とすな!!
95% 〔1〕 $\sqrt{5}(\sqrt{5} - 3) + \sqrt{20}$　〈山形県〉

88% 〔2〕 $\sqrt{2}(\sqrt{27} - \sqrt{12})$　〈宮崎県〉

絶対落とすな!!
86% 〔3〕 $\sqrt{6}(\sqrt{2} + \sqrt{3}) - 2\sqrt{3}$　〈秋田県〉

71% 〔4〕 $(\sqrt{7})^2 - 5 \div \left(-\dfrac{1}{3}\right)$　〈北海道〉

4 次の計算をしなさい。

84% 〔1〕 $\sqrt{3}(\sqrt{6} + \sqrt{3}) - \dfrac{8}{\sqrt{2}}$　〈愛媛県〉

73% 〔2〕 $\dfrac{9\sqrt{10}}{5} + \sqrt{\dfrac{2}{5}}$　〈鹿児島県〉

77% 〔3〕 $(\sqrt{5} + 4)^2$　〈青森県〉

72% 〔4〕 $(\sqrt{2} + \sqrt{5})(\sqrt{5} - 2\sqrt{2})$　〈千葉県〉

文字式の利用

例題

正答率
↓

69%

右の表は，1行目に左から順に 1, 2, 3, 4, 5, 6 を記入し，1〜6列目のそれぞれの列に上から順に2ずつ大きくなる整数を記入していくものであり，5行目まで記入されている。6行目以降も続けていくものとする。

表の 2, 5, 8 に位置している 2, 5, 8 や 7, 10, 13 に位置している 7, 10, 13 のように，「表の に位置している3つの整数において，最も大きい整数と真ん中の整数の積から最も小さい整数の2乗をひいた数は，9でわり切れる」ことの証明を，文字を使って の中に完成しなさい。

表	1列目	2列目	3列目	4列目	5列目	6列目
1行目	1	2	3	4	5	6
2行目	3	4	5	6	7	8
3行目	5	6	7	8	9	10
4行目	7	8	9	10	11	12
5行目	9	10	11	12	13	14
6行目						

（証明）

だから，3つの整数において，最も大きい整数と真ん中の整数の積から最も小さい整数の2乗をひいた数は，9でわり切れる。

〈福岡県〉

解き方・考え方

文字を使った数に関する証明問題では，1つの数を文字で表し，書かれている条件を式に表し，結論を導く。
ここでは，真ん中に位置する数を n とする。

解答

（証明）真ん中の整数を n とすると，最も小さい整数は $n-3$，最も大きい整数は $n+3$ と表される。最も大きい整数と真ん中の整数の積から最も小さい整数の2乗をひいた数は，$n(n+3)-(n-3)^2$ である。

$$n(n+3)-(n-3)^2=n^2+3n-(n^2-6n+9)$$
$$=n^2+3n-n^2+6n-9$$
$$=9n-9$$
$$=9(n-1)$$

n は整数より，$n-1$ も整数だから，これは9の倍数である。
だから……

 入試必出！要点まとめ

● **文字を使った数の表し方**
連続する3つの整数… $n-1$, n, $n+1$
偶数… $2n$，奇数… $2n+1$, $2n-1$

1

春美さんのクラスでは，右の表のような，1から36までの自然数を，上から下へ6つずつ，左から右へ，順に書き並べた表をもとにして，この表の中に並んでいる数について，どんなきまりがあるか調べる学習をした。次は，その学習をしたときの，授業の場面である。あとの問いに答えなさい。

表

1	7	13	19	25	31
2	8	14	20	26	32
3	9	15	21	27	33
4	10	16	22	28	34
5	11	17	23	29	35
6	12	18	24	30	36

〈授業の場面〉

先生：**例1**の1, 7, 13や9, 15, 21のように，表で，横に並んでいる3つの自然数に着目するとき，この3つの自然数の間で常に成り立つこととして，どんなことがありますか。

例1

1	7	13
9	15	21

春美：はい。横に並んでいる3つの数の和は，常に真ん中の数の ア 倍になります。

先生：そうですね。では，**例2**の1, 2, 7, 8や4, 5, 10, 11のように，縦，横2つずつ正方形の形に並んでいる4つの自然数に着目すると，4つの自然数の間で常に成り立つこととして，どんなことがありますか。

例2

1	7
2	8

4	10
5	11

明子：はい。右上と左下の数の和と左上と右下の数の和は，常に等しくなります。

先生：そうですね。そのほかに何かありますか。

一郎：右上と左下の数の積から，左上と右下の数の積を引くと，常に一定の数6になります。

先生：なるほど。それでは，一郎さんの述べたことが常に成り立つかどうか，文字式を使って確かめてみましょう。…

〔1〕 ア にあてはまる数を，書きなさい。

〔2〕 春美さんは，一郎さんの述べた，下線部のことが常に成り立つことを，文字式を使って下のように証明した。 イ ～ エ にはあてはまる文字式をそれぞれ書き， オ には証明のつづきを書いて，証明を完成させなさい。

(証明)

正方形の形に並んだ4つの自然数のうち，左上の数を n とすると，左下の数は イ ，右上の数は ウ ，右下の数は エ と表される。このとき，右上と左下の数の積から，左上と右下の数の積を引くと，

オ

したがって，常に一定の数6になる。

〈山形県〉

1 次方程式の解き方

（この枠は例題ボックス）

例 題

正答率
↓
絶対落とすな!!
(1)
80%

(2)
62%

〔1〕 1 次方程式 $2x+5=7-3x$ を解きなさい。 〈長崎県〉

〔2〕 1 次方程式 $2x-1=\dfrac{x}{3}$ を解きなさい。 〈新潟県〉

解き方・考え方

〔1〕 文字を含む項を左辺に，定数項を右辺に移項して，両辺を整理して，$ax=$（数）の形にし，両辺を x の係数 a でわり，x の値を求める。

$2x+5=7-3x$ ⎤ $-3x$，5 を移項して，左辺に x の項，右辺に定数項
$2x+3x=7-5$ ⎦ を集める。

$\quad 5x=2$ ← 両辺を整理する。

$\quad\quad x=\dfrac{2}{5}$ ← 両辺を x の係数 5 でわる。

〔2〕 分数があるときは，分母をはらって，分数がない式にする。

$2x-1=\dfrac{x}{3}$ ⎤ 両辺に 3 をかけて分母をはらう。

$3(2x-1)=x$ ⎦

$6x-3=x$ ⎤ -3，x を移項する。
$6x-x=3$ ⎦

$\quad 5x=3$ ← 左辺を整理して $ax=$（数）の形にする。

$\quad\quad x=\dfrac{3}{5}$ ← 両辺を x の係数 5 でわる。

解 答 〔1〕 $x=\dfrac{2}{5}$ 〔2〕 $x=\dfrac{3}{5}$

入試必出! **要点まとめ**

● **移項して解く**…移項すると符号が変わる。 例 $5x+3=-2x-4 \rightarrow 5x+2x=-4-3$

● **分母をはらう**…両辺に分母の最小公倍数をかけて，分数をふくまない式にする。
　　例 $\dfrac{x}{3}+6=\dfrac{1}{2}x-4 \rightarrow$ 両辺に 6 をかけて，$2x+36=3x-24$ $\left(\begin{array}{l}\text{整数にもかけることを忘れない}\\\text{ようにする。}\end{array}\right)$

● **比例式** $a:b=c:x \rightarrow$ 比例式の性質 $ax=bc$ を使って解く。

1

次の1次方程式を解きなさい。

 96% (1) $4x-10=-5x+8$ 〈福岡県〉   絶対落とすな!! **92%** (2) $4x+7=8x-1$ 〈東京都〉

2

次の1次方程式を解きなさい。

 82% (1) $7x-(11x+2)=14$ 〈青森県〉   **63%** (2) $x:6=5:3$ 〈大阪府〉

3

次の1次方程式を解きなさい。

 85% (1) $\dfrac{x}{4}-\dfrac{2x-7}{3}=4$ 〈大阪府〉   **66%** (2) $0.75x-1=0.5x$ 〈大阪府〉

4 **72%**

1次方程式 $\dfrac{x}{3}+4=-2x-10$ を次のように解いた。

$$\dfrac{x}{3}+4=-2x-10$$

$$\dfrac{x}{3}+2x=-10-4 \quad\cdots\cdots ア$$

$$x+6x=-14 \quad\cdots\cdots イ$$

$$7x=-14 \quad\cdots\cdots ウ$$

$$x=-7 \quad\cdots\cdots エ$$

　　　　　の中には，まちがいがある。最初にまちがって書いた式はどれか。ア〜エの中から1つ選んで記号を書きなさい。また，選んだ式を正しく書き直し，それに続けて1次方程式を解きなさい。

〈秋田県〉

1 次方程式の利用

例題

あるクラスの生徒全員に鉛筆を配った。1人に3本ずつ配ると14本余り，4本ずつ配ると9本たりなくなった。このクラスの生徒の人数を求めなさい。

〈宮城県〉

正答率

↓

71%

解き方・考え方

クラスの生徒の人数をx人とする。

鉛筆の本数について，2通りに表すと，

3本ずつ配ると14本余ることから，

$\quad$（配られる本数）＋（余る本数）＝$3x+14$（本）　……①

4本ずつ配ると9本たりないことから，

$\quad$（配られる本数）－（たりない本数）＝$4x-9$（本）　……②

①と②は等しいから，

$\quad 3x+14=4x-9$

これを解いて，$3x-4x=-9-14$

$\qquad\qquad\qquad -x=-23$

$\qquad\qquad\qquad\quad x=23$

よって，クラスの生徒の人数は，23人

解答　23人

 入試必出！ **要点まとめ**

● **方程式を使って問題を解く手順**

① 問題をよく読み，何をxで表すかを決める。このとき，求めるものをxとはせず，式を立てやすいものをxとしてもよい。

② 問題に書かれている数量をxを使って表す。

③ 等しい関係にある数量を ＝ でつなぎ，方程式を立てる。

④ 方程式を解く。

⑤ 方程式の解が問題に適しているか調べる。

⑥ 答えを，単位に気をつけて書く。

1 次の問いに答えなさい。

83%
〔1〕 ある数の 5 倍から 44 をひいた数が －14 になるとき，ある数を求めなさい。

〈北海道〉

70%
〔2〕 x についての 1 次方程式 $x+5a-2(a-2x)=4$ の解が $-\dfrac{2}{5}$ となる a の値を求めなさい。

〈秋田県〉

〔3〕 美幸さんは，宮崎県の特産品の 1 つであるマンゴーについて，平成 8 年から平成16年までの出荷量を調べ，右のグラフのようにまとめた。

このとき，次のア，イの問いに答えなさい。

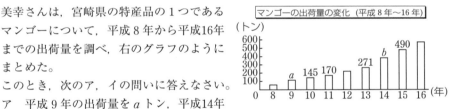

マンゴーの出荷量の変化（平成 8 年～16 年）

67%
ア　平成 9 年の出荷量を a トン，平成14年の出荷量を b トンとすると，$a:b=5:17$ であった。b を，a を使った式で表しなさい。

54%
イ　平成16年の出荷量は，平成 8 年の出荷量の 11 倍であった。また，平成12年の出荷量は，平成 8 年の出荷量の 4 倍よりも 10 トン多く，平成16年の出荷量よりも 361 トン少なかった。

このとき，方程式を使って，平成16年の出荷量を求めなさい。ただし，答えを求める過程がわかるように，式や計算なども書きなさい。

〈宮崎県〉

連立方程式の解き方

例題

〔1〕 連立方程式 $\begin{cases} x = 2y + 10 \\ 3x + y = 2 \end{cases}$ を解きなさい。　〈秋田県〉

正答率

↓

絶対落とすな!!
(1)
85%

〔2〕 連立方程式 $\begin{cases} 4x - 3y = 6 \\ x + 2y = 7 \end{cases}$ を解きなさい。　〈愛媛県〉

絶対落とすな!!
(2)
82%

解き方・考え方

上の式を①，下の式を②とする。

〔1〕 ①を②の式に代入する。

$$3(2y+10)+y=2$$
$$6y+30+y=2$$
$$7y=-28$$
$$y=-4 \quad \cdots\cdots③$$

③を①に代入して，

$$x=2\times(-4)+10=-8+10$$
$$x=2$$

〔2〕 ①　　　　$4x-3y=6$
②×4　$\underline{-)4x+8y=28}$
　　　　　$-11y=-22$
　　　　　　$y=2 \quad \cdots\cdots③$

③を②に代入して，

$$x+2\times2=7$$
$$x=7-4$$
$$x=3$$

解答 〔1〕 $x=2, \ y=-4$　　〔2〕 $x=3, \ y=2$

🌳🌳🌳 **入試必出!** **要点まとめ**

● **加減法**…xやyの係数の絶対値が等しい場合，2式をたしたりひいたりして，片方の文字を消去して解く。

例 $\begin{cases} 3x-y=5 \\ 5x+y=3 \end{cases}$ → 辺々をたして，
　　　　　　　　　　$8x=8, \ x=1$

● **代入法**…一方の式が $x=$ や $y=$ の形になる場合，その式をもう一方の式に代入して解く。

例 $\begin{cases} y=2x-1 \\ 3x+y=9 \end{cases}$ → 上式を下式に代入して，
　　　　　　　　　$3x+(2x-1)=9, \ 3x+2x-1=9, \ 5x=10, \ x=2$

● **一般の加減法**…式を何倍かして，係数の絶対値をそろえて，加減法で解く。

例 $\begin{cases} 3x+2y=4 \\ 2x-5y=9 \end{cases}$ $\begin{matrix} \times2 \\ \times3 \end{matrix}$ $\begin{matrix} 6x+4y=8 \\ \underline{-)6x-15y=27} \end{matrix}$
　　　　　　　　　　　　$19y=-19$ → $y=-1$

● **$A=B=C$ の形の方程式**…次のどの連立方程式を使って解いてもよい。

$\begin{cases} A=B \\ B=C \end{cases}$ $\begin{cases} A=B \\ A=C \end{cases}$ $\begin{cases} A=C \\ B=C \end{cases}$

1 次の連立方程式を解きなさい。

 87% 〔1〕 $\begin{cases} 2x-y=14 \\ 3x+y=6 \end{cases}$ 〈栃木県〉

86% 〔2〕 $\begin{cases} x+3y=-1 \\ x-2y=4 \end{cases}$ 〈埼玉県〉

86% 〔3〕 $\begin{cases} 2x-5y=6 \\ x=3y+2 \end{cases}$ 〈山梨県〉

85% 〔4〕 $\begin{cases} x+3y=11 \\ y=2x-1 \end{cases}$ 〈栃木県〉

2 次の連立方程式を解きなさい。

 93% 〔1〕 $\begin{cases} 4x+y=7 \\ 3x+2y=4 \end{cases}$ 〈新潟県〉

82% 〔2〕 $\begin{cases} 2x-3y=1 \\ 3x+2y=8 \end{cases}$ 〈滋賀県〉

71% 〔3〕 $\begin{cases} 0.5x-1.4y=8 \\ -x+2y=-12 \end{cases}$ 〈千葉県〉

88% 〔4〕 $x-y+1=3x+7=-2y$

〈大阪府〉

連立方程式の利用

ある学校の水泳部の部員数は，昨年は男女あわせて 20 人であった。今年は昨年と比べると，男子は 2 倍に増え，女子は半分に減り，男女あわせて 19 人になった。昨年の男子と女子の部員数をそれぞれ求めなさい。ただし，昨年の男子の部員数を x 人，女子の部員数を y 人として，その方程式と計算過程も書くこと。

〈鹿児島県〉

解き方・考え方

ここでは，何を x, y にするか決まっているので，与えられた条件より，x, y についての式を 2 つつくる。

昨年の人数から，$x+y=20$

今年の人数は，男子は $2x$ 人，女子は $\dfrac{y}{2}$ 人で合計 19 人より，$2x+\dfrac{y}{2}=19$

連立方程式は，$\begin{cases} x+y=20 & \cdots\cdots① \\ 2x+\dfrac{y}{2}=19 & \cdots\cdots② \end{cases}$

$$
\begin{array}{r}
① \qquad x+y=20 \\
②\times 2 \quad -)\,4x+y=38 \\
\hline
-3x=-18 \\
x=6 \ \cdots\cdots③
\end{array}
$$

③を①に代入して，$6+y=20$

$\qquad\qquad\qquad\qquad y=14$

よって，昨年の男子の部員数は 6 人，女子の部員数は 14 人

解答 昨年の男子の部員数 6 人，昨年の女子の部員数 14 人

（方程式と計算過程は，上の解き方・考え方を参照）

 入試必出！ **要点まとめ**

● **連立方程式の文章題を解く手順**
① 何を x, y にするかを決め，それを明記する。
② 等しい数量関係を 2 つ見つけ，それぞれ方程式をつくる。
③ ②でつくった方程式を連立方程式として解く。
④ ③の解が問題に適しているか確認して，答えを書く。

● x, y **の決め方**
一般的には，求めるものを x, y とおくが，増減や割合の関係などは，基準になる量を x, y としたほうが，計算が簡単になる。

　　例　今年の人数は去年より 3% 増えた。今年の人数を求めよ。→ 去年の人数を x 人とする。

1

Aさんと B さんが同時に駅を出発し，同じ道を通って，2700 m 離れた博物館に向かった。A さんは自転車に乗り，はじめは分速 160 m で走っていたが，途中の P 地点で自転車が故障し，P 地点から自転車を押して，分速 60 m で歩き，駅を出発してから 35 分後に博物館に到着した。B さんは駅から走り，A さんより 5 分早く博物館に到着した。図は，A さんが駅を出発してからの時間と駅からの距離の関係を表したものである。

ただし，A さんが自転車で走る速さ，A さんが歩く速さ，B さんが走る速さは，それぞれ一定とする。

次の問いに答えなさい。

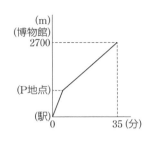

 (1) B さんが走る速さは分速何 m か，求めなさい。

 (2) A さんが自転車で走った時間と歩いた時間を，連立方程式を使って次のように求めた。 ア にあてはまる数式を書き， イ ， ウ にあてはまる数をそれぞれ求めなさい。

> A さんが自転車で走った時間を a 分，歩いた時間を b 分とすると，
> $$\begin{cases} a+b=35 \\ \boxed{} =2700 \end{cases}$$
> これを解くと，$a=\boxed{\text{イ}}$，$b=\boxed{\text{ウ}}$　　この解は問題にあっている。
> A さんが自転車で走った時間は イ 分，歩いた時間は ウ 分である。

〈兵庫県〉

2

次の問いに答えなさい。

(1) りんごが 9 個入った箱と 12 個入った箱が合わせて 23 箱ある。これらの箱に入っているりんごの個数の合計が 240 個であった。このとき，りんごが 9 個入った箱の数と 12 個入った箱の数をそれぞれ求めなさい。　　　〈秋田県〉

(2) A 中学校の生徒の人数は男女合わせて 300 人である。そのうち，男子の 30% と女子の 20% は自転車通学であり，その人数の合計は 78 人である。A 中学校の男子の人数を x 人，女子の人数を y 人として連立方程式をつくり，男子，女子それぞれの人数を求めなさい。　　　〈栃木県〉

2次方程式の解き方

〔1〕 2次方程式 $2x^2+5x=(x-2)(x+2)$ を解きなさい。　　〈長崎県〉

正答率

絶対落とすな!!
〔1〕
87%

〔2〕 2次方程式 $(x+2)^2=7$ を解きなさい。　　〈埼玉県〉

絶対落とすな!!
〔2〕
86%

絶対落とすな!!
〔3〕
85%

〔3〕 2次方程式 $5x^2-3x-1=0$ を解きなさい。　　〈埼玉県〉

解き方・考え方

〔1〕 複雑な形の2次方程式は，まず，かっこをはずし，式を整理して，$ax^2+bx+c=0$ の形にする。次に，左辺が因数分解できないか考える。

$2x^2+5x=(x-2)(x+2)$ 〕かっこをはずす。
$2x^2+5x=x^2-4$ 〕（左辺）$=0$ の形にする。
$x^2+5x+4=0$ 〕左辺を因数分解する。
$(x+1)(x+4)=0$

これより，$x=-1,\ -4$

〔2〕 $(\quad)^2=$（数）の式では，平方根の考えを使って解く。

$(x+2)^2=7 \rightarrow x+2=\pm\sqrt{7} \rightarrow x=-2\pm\sqrt{7}$

〔3〕 因数分解できないときは解の公式を利用。$ax^2+bx+c=0 \rightarrow x=\dfrac{-b\pm\sqrt{b^2-4ac}}{2a}$

$5x^2-3x-1=0 \rightarrow a=5,\ b=-3,\ c=-1$ だから，

$x=\dfrac{-(-3)\pm\sqrt{(-3)^2-4\times5\times(-1)}}{2\times5} \rightarrow x=\dfrac{3\pm\sqrt{29}}{10}$

解答 〔1〕 $x=-1,\ -4$　　〔2〕 $x=-2\pm\sqrt{7}$　　〔3〕 $x=\dfrac{3\pm\sqrt{29}}{10}$

入試必出！ 要点まとめ

● 2次方程式の解き方

・平方根の考え方の利用　$ax^2=b \rightarrow x=\pm\sqrt{\dfrac{b}{a}}\ (ab>0)$　　$(x+a)^2=b \rightarrow x=-a\pm\sqrt{b}$

・因数分解の利用　与式を整理して，$(x+a)(x+b)=0$ の形になれば，$x=-a,\ -b$

・2次方程式の解の公式の利用　$ax^2+bx+c=0\ (a\neq0)$ の形に整理して，$x=\dfrac{-b\pm\sqrt{b^2-4ac}}{2a}$

1 次の 2 次方程式を解きなさい。

 95% 〔1〕 $x^2-10x+21=0$ 〈宮崎県〉　　　　91% 〔2〕 $x^2-2x-24=0$ 〈新潟県〉

2 次の 2 次方程式を解きなさい。

 84% 〔1〕 $(x-3)^2=5$ 〈埼玉県〉　　　　55% 〔2〕 $x^2=9x$ 〈青森県〉

3 次の 2 次方程式を解きなさい。

 88% 〔1〕 $x(x+2)=3(x+4)$ 〈福岡県〉　　　　75% 〔2〕 $3(x+2)(x-2)=2x^2-x$

〈秋田県〉

4 次の 2 次方程式を解きなさい。

 76% 〔1〕 $x^2-2x=3(x-1)$ 〈千葉県〉　　　　79% 〔2〕 $2x^2+9x+8=0$ 〈広島県〉

2次方程式の利用

右のカレンダーで，ある日の数を x とする。x の2乗と，x の真上にある数の2乗の和は，x の右隣にある数の2乗と等しくなる。ある日は何日か求めなさい。　　〈青森県〉

2009 年 2 月						
日	月	火	水	木	金	土
1	2	3	4	5	6	7
8	9	10	11	12	13	14
15	16	17	18	19	20	21
22	23	24	25	26	27	28

解き方・考え方

x の真上にある数は $x-7$，x の右隣にある数は $x+1$ と表せるから，

$x^2+(x-7)^2=(x+1)^2$

$x^2+x^2-14x+49=x^2+2x+1$

整理して，$x^2-16x+48=0$

$(x-4)(x-12)=0$

$x=4,\ 12$

ここで，$x-7 \geqq 1$ より，$x=4$ は不適当

$x=12$ は問題に適する。

解 答　**ある日は，12 日**

入試必出！　要点まとめ

● **2次方程式の文章題を解く手順**

1次方程式や連立方程式の場合と同様である。

① 問題をよく読む。

② 何を x にするか決める。

③ 方程式を立てる。

④ 方程式を解く。

⑤ 方程式の解が問題に適しているか調べる。→ 答えを書く。

● **注意点**

2次方程式を解くと，たいていの場合，解が2つでるが，両方とも答えとして適するとは限らない。必ず答えとして適するかどうかの確認をする。

● **よく使われることがら**

連続する3つの自然数…$n-1$，n，$n+1$

食塩水の濃度…$\dfrac{(食塩の量)}{(食塩水の量)} \times 100$（％）

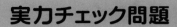

1　次の問いに答えなさい。

□□□ **70%**　〔1〕　2次方程式 $x^2+ax-10=0$ の1つの解が2のとき，a の値と他の解を求めなさい。

〈青森県〉

□□□ **58%**　〔2〕　ある正の数 x に4を加えて2乗するところを，誤って，x に2を加えて4倍したため，正しい答えより29小さくなった。この正の数 x を求めなさい。　　〈千葉県〉

2　右の**図1**のように，1辺の長さが16cmの正方形で，1目もりが縦，横ともに1cmの等しい間隔で線が引かれている方眼紙がある。この方眼紙に書かれている1辺の長さが1cmの正方形をます目ということにする。この方眼紙のます目を1個選び，その中に小石を1個置き，そのます目をふくむ縦の一列と横の一列のます目をすべて黒くぬりつぶし，黒い部分の面積を求める。

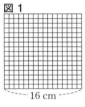

図1

⎿ 16 cm ⏌

次に，この方眼紙の**黒くぬりつぶしていないます目**を1個選び，その中に別の小石を1個置き，そのます目をふくむ縦の一列と横の一列のます目をすべて黒くぬりつぶし，黒い部分すべての面積を求める。さらに，このような操作を続け，この方眼紙のます目がすべて黒くぬりつぶされたところでやめる。

例

【置いた小石が1個のとき】

図1のます目に1個目の小石を置いたとき，**図2**のようになる。このときの黒い部分の面積は 31 cm² となる。

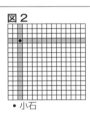

図2

・小石

【置いた小石が2個のとき】

次に**図2の黒くぬりつぶしていないます目**に2個目の小石を置いたとき，**図3**のようになる。このときの黒い部分すべての面積は 60 cm² となる。

図3

このとき，次の問いに答えなさい。

□□□ **63%**　〔1〕　この方眼紙に置いた小石が3個のとき，黒い部分すべての面積を求めなさい。

□□□ **50%**　〔2〕　この方眼紙の黒い部分すべての面積が 175 cm² となるとき，置いた小石の個数を求めなさい。

〈神奈川県〉

比例・反比例

例 題

〔1〕 y は x に反比例し，$x=2$ のとき $y=8$ である。$x=6$ のときの y の値を求めなさい。 〈奈良県〉

正答率

↓

絶対落とすな!!

〔1〕
80%

〔2〕
60%

〔2〕 右の図は，2 点 A，B を通る反比例のグラフである。このとき，点 B の y 座標を求めなさい。 〈鹿児島県〉

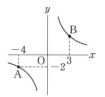

解き方・考え方

〔1〕 y が x に反比例しているから，比例定数を a とすると，$y=\dfrac{a}{x}$ とおける。

$x=2$，$y=8$ を代入して a の値を求めると，

$8=\dfrac{a}{2}$　$a=16$ より，式は，$y=\dfrac{16}{x}$

よって，$y=\dfrac{16}{x}$ に $x=6$ を代入して，$y=\dfrac{16}{6}=\dfrac{8}{3}$

〔2〕 反比例のグラフの式は，$y=\dfrac{a}{x}$ （a は比例定数）とおける。

グラフが点 A$(-4$，$-2)$ を通るから，$x=-4$，$y=-2$ を代入して，

$-2=\dfrac{a}{-4}$，$a=8$ より，式は，$y=\dfrac{8}{x}$

点 B の x 座標は 3 だから，y 座標は，$y=\dfrac{8}{3}$

解 答 〔1〕 $y=\dfrac{8}{3}$　　〔2〕 $\dfrac{8}{3}$

 入試必出! **要点まとめ**

● **比例**…x と y の関係が，$y=ax$ （a は定数）で表されるとき，y は x に比例しているといい，x の値が 2 倍，3 倍，…になると，y の値も 2 倍，3 倍，…になる。グラフは右の図のような，原点を通る直線になる。

● **反比例**…x と y の関係が，$y=\dfrac{a}{x}$ （a は定数）で表されるとき，y は x に反比例しているといい，x の値が 2 倍，3 倍，…になると，y の値は $\dfrac{1}{2}$，$\dfrac{1}{3}$，…になる。グラフは右の図のような双曲線になる。

1 次の問いに答えなさい。

70% (1) y は x に反比例し，対応する x, y の値が右の表のようになっているとき，p の値を答えなさい。　〈新潟県〉

x	⋯	1	2	3	⋯
y	⋯	12	6	p	⋯

57% (2) 次のア〜エのうち，y が x に反比例するものはどれか。適当なものを 1 つ選び，その記号を書きなさい。
　ア　1 冊 150 円のノートを x 冊買ったときの代金 y 円
　イ　周囲の長さが 30 cm の長方形で，縦の長さを x cm としたときの横の長さ y cm
　ウ　面積が 20 cm² の三角形で，底辺の長さを x cm としたときの高さ y cm
　エ　水が 30 L 入っている容器から，毎分 2 L の割合で x 分間水をぬいたときの容器に残っている水の量 y L　〈愛媛県〉

53% (3) y は x に比例し，比例定数は -4 である。
　x の変域が $-1 \leqq x \leqq 5$ のときの y の変域を求めなさい。　〈長野県〉

2 次の問いに答えなさい。

76% (1) 下の①〜④はそれぞれ，関数 $y = \dfrac{a}{x}$ のグラフと点 A(1, 1) を表した図である。①〜④の中で，a の値が 1 より大きいものはどれか。その番号を書きなさい。　〈広島県〉

①

②

③

④

69% (2) 右の図の直線は，比例のグラフである。このグラフについて，y を x の式で表しなさい。　〈山梨県〉

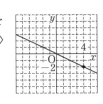

1次関数の基本

例 題 正答率 ↓ **58%**	右の図で，点 O は原点，点 A の座標は $(-4, -3)$ であり，直線 ℓ は1次関数 $y = -x + 5$ のグラフを表している。直線 ℓ 上にあり，x 座標が2である点を P とする。2点 A，P を通る直線を m とする。直線 m の式を求めなさい。　　　　　　　〈東京都・改〉

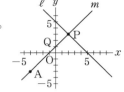

解き方・考え方
点 P は直線 $y = -x + 5$ の上にあり，x 座標が2であるから，$y = -2 + 5 = 3$ より，点 P の座標は $(2, 3)$

ここで，直線 m の式を $y = ax + b$ とおくと，
点 A を通ることから，$-3 = -4a + b$ ……①
点 P を通ることから，$3 = 2a + b$ ……②
①，②を連立方程式として解く。
①－②より　$-6 = -6a$，$a = 1$ ……③
③を②に代入して，$3 = 2 + b$，$b = 1$
したがって，直線 m の式は　$y = x + 1$

解 答　$y = x + 1$

入試必出！ **要点まとめ**

- **1次関数**…y が x の1次式で表されるとき，y は x の1次関数であるという。
  一般に，$y = ax + b$ の式で表される。$b = 0$ のとき，y は x に比例する。
  x に比例する部分 ⌐ 　⌐ 定数部分
- **$y = ax + b$ のグラフ**…傾きが a，切片 b の直線
  - $y = ax$ のグラフを，y 軸の正の方向に b だけ平行移動した直線。
  - (変化の割合)$= \dfrac{(y \text{の増加量})}{(x \text{の増加量})} = a = (\text{直線の傾き})$（一定）

  例　$a = \dfrac{2}{3} \to x$ が1増加すると，y は $\dfrac{2}{3}$ 増加する。

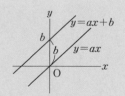

- **直線の式の求め方**
  - 傾きが -2，切片が 4
    $y = -2x + 4$
  - 傾きが 3，点 $(-1, 3)$ を通る
    $y = 3x + b$ とおいて，$x = -1$，$y = 3$ を代入し，b を求める。
  - 通る2点がわかっている
    $y = ax + b$ にそれぞれの座標の値を代入し，a，b についての連立方程式を解く。

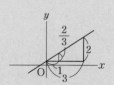

1　次の問いに答えなさい。

55%　〔1〕　変化の割合が 2 で，$x=1$ のとき $y=-1$ となる 1 次関数の式を求めなさい。

〈新潟県〉

〔2〕　1 次関数 $y=-\dfrac{2}{3}x+6$ について，次の問いに答えなさい。

絶対落とすな!!　84%　①　$x=-3$ のときの y の値を求めなさい。

54%　②　y の変域が $-2\leqq y\leqq 10$ となるような x の変域を求めなさい。

〈福島県〉

2　次の問いに答えなさい。

67%　〔1〕　グラフが，右の図のような直線になる 1 次関数の式を答えなさい。

〈新潟県〉

51%　〔2〕　右の図のように，関数 $y=3x-2$ のグラフとそのグラフ上の点 A を通る関数 $y=\dfrac{a}{x}$ のグラフがある。点 A の y 座標が 4 のときの a の値を求めなさい。

〈佐賀県〉

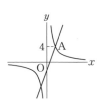

1次関数の利用

図のように，AB＝5 cm，BC＝6 cm の長方形 ABCD がある。点 P は点 A を出発し，辺 AB，BC，CD 上を点 D まで毎秒 1 cm の速さで動く。点 P が点 A を出発してから x 秒後の △APD の面積を y cm² とする。ただし，点 P が点 A，D にあるときは $y=0$ とする。次の(1)，(2)の問いに答えなさい。

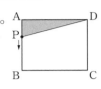

(1) $x=3$ のときの y の値を求めなさい。

(2) x と y の関係を表すもっとも適切なグラフを，次のア〜オから１つ選んで記号を書きなさい。 〈秋田県・改〉

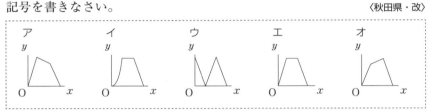

解き方・考え方

動点と面積に関する問題では，x の範囲によって，x と y の関係を表す式が変わることに注意する。わかっている長さなどは，図に書き込んでおく。

(1) $0 \leqq x \leqq 5$ のとき，AP＝x cm より，

$$\triangle APD = \frac{1}{2} \times AD \times AP$$

$$y = \frac{1}{2} \times 6 \times x = 3x$$

$x=3$ を代入して，$y=3 \times 3 = 9$ (cm²)

(2) $5+6=11$ より，$5 \leqq x \leqq 11$ のとき，△APD の面積は，AD を底辺とすると，高さは AB より，

$$\triangle APD = \frac{1}{2} \times AD \times AB, \quad y = \frac{1}{2} \times 6 \times 5 = 15 \text{ (cm}^2\text{)} \quad (\text{一定})$$

$5+6+5=16$ より，$11 \leqq x \leqq 16$ のとき，PD＝$16-x$ (cm) より，

$$\triangle APD = \frac{1}{2} \times AD \times PD$$

$$y = \frac{1}{2} \times 6 \times (16-x) = -3x+48$$

よって，$0 \leqq x \leqq 5$ のとき，グラフは直線 $y=3x$

$\quad\quad\quad$ $5 \leqq x \leqq 11$ のとき，グラフは $y=15$ （x 軸に平行な直線）

$\quad\quad\quad$ $11 \leqq x \leqq 16$ のとき，グラフは直線 $y=-3x+48$

解答 (1) $y=9$ (2) エ

 入試必出!・要点まとめ

１次関数の利用は，時間の経過とともに変化する図形の面積，道のり，水量などの問題がよく出題される。図をかいて，わかっている条件を書き込むなどして，問題文をわかりやすく整理するとよい。

1 図のように，AB＝4 cm，BC＝6 cm の長方形 ABCD があり，辺 AD の中点を E とする。点 P は点 A を出発し，辺 AB，BC，CD 上を点 D まで毎秒 1 cm の速さで動く。点 P が点 A を出発してから x 秒後の △PBE の面積を y cm² とする。ただし，点 P が点 B にあるときは $y＝0$ とする。

次の問いに答えなさい。

70% 〔1〕 $x＝2$ のときの y の値を求めなさい。

69% 〔2〕 $0≦x≦10$ のとき，x と y の関係を表すグラフをかきなさい。

〈秋田県・改〉

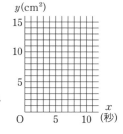

2 つるまきばねがある。右の図のように，x g のおもりをつるしたときのばねの長さを y cm とすると，$0≦x≦120$ の範囲で，y は x の 1 次関数であるという。

x と y との関係を調べたところ，下の表のようになった。

x(g)	⋯	30	⋯	60	⋯
y(cm)	⋯	10	⋯	12	⋯

次の〔1〕～〔3〕の問いに答えなさい。

54% 〔1〕 x と y との関係を式で表しなさい。（$0≦x≦120$）

64% 〔2〕 x と y との関係を表すグラフをかきなさい。（$0≦x≦120$）

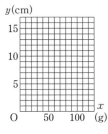

73% 〔3〕 おもりをつるさないときのばねの長さは何 cm になるかを求めなさい。

〈岐阜県・改〉

1 次関数のグラフの利用

正答率

↓

(1)
46%

絶対落とすな!!

(2)
80%

例題 幸二さんは自宅から歩いて友達の家まで行き，友達と話をしてから，一緒に友達の父が運転する自動車で映画館に向かった。右の図は，幸二さんが自宅を出発してから映画館に到着するまでのグラフであり，自宅を出発してからの時間 x(分)と自宅からの道のり y(km)の関係を表している。次の(1)，(2)の問いに答えなさい。ただし，歩く速さや自動車の速さは一定とし，自動車の乗り降りにかかる時間は考えないものとする。

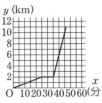

(1) 幸二さんが歩いているときの x と y の関係を表す式を求めなさい。

(2) 次のア〜オから正しいものを**2つ**選んで記号を書きなさい。

> ア 歩いていた時間は 2 分間である。
>
> イ 自宅から友達の家までの道のりは 2 km である。
>
> ウ 友達の家で話をしていた時間は 35 分間である。
>
> エ 自宅からの道のりが 6 km になったのは，自宅を出発して 40 分後である。
>
> オ 友達の家から映画館までの道のりは 11 km である。

〈秋田県・改〉

解き方・考え方 グラフの傾きは，$\dfrac{y}{x} = \dfrac{(道のり)}{(時間)}$ すなわち，速さを表している。

グラフが x 軸と平行なところでは，同じ場所にとどまっている。x 軸の 1 目もりは 5 分，y 軸の 1 目もりは 1 km を表している。

(1) 原点を通り，直線の傾きは $\dfrac{2}{25}$ より，$y = \dfrac{2}{25}x$

(2) グラフの傾きのゆるやかな部分は歩き，x 軸に平行な部分は移動せず，傾きの急な部分は車で移動したことを表している。

　ア…歩いた時間は，25分間

　イ…$y = 2$ のとき，歩きをやめているから，友達の家までは 2 km

　ウ…$35 - 25 = 10$(分間)

　エ…$y = 6$ のときの x の値を読みとると，$x = 40$(分)

　オ…幸二さんの家から映画館までが 11 km で，友達の家からは 9 km

解答 (1) $y = \dfrac{2}{25}x$　　(2) **イとエ**

🌲🌲🌲 入試必出! 要点まとめ

● **グラフの見方**
- x 軸，y 軸はそれぞれ何を表し，1 目もりの大きさはいくらかを確認する。
- グラフの傾きが何を表しているかを判断する。
- 直線のグラフでは，通る 2 点の座標や傾きなどから，式を求める。

1 **58%**

図Ⅰのように，駅と郵便局，駅と公園がまっすぐな道路で結ばれている。それぞれの間の距離は図Ⅰに示されたとおりである。Aさんは，12時に駅を出て，郵便局ではがきを出してから同じ道を引き返し，12時3分に駅を通過して公園まで行きました。

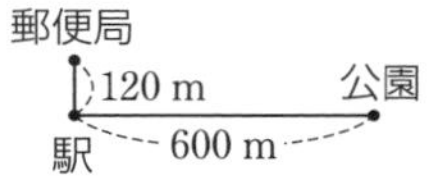

図Ⅱはこのときの，時間と，駅からAさんまでの距離との関係を表したグラフである。ただし，Aさんは一定の速さで歩き，はがきを出す時間は考えないものとする。

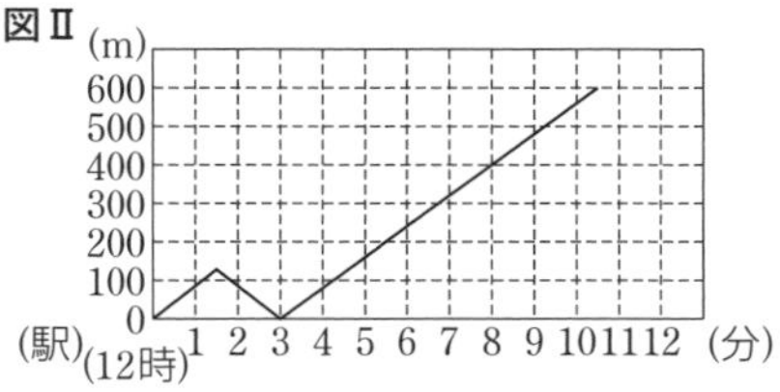

次の ア ， イ にあてはまる数を答えなさい。

12時8分にAさんは駅から ア m離れたところにいた。また，Aさんの歩く速さは毎分 イ mである。

図Ⅰ
郵便局
120 m   公園
駅 —— 600 m ——

図Ⅱ

〈宮城県・改〉

2

愛さんは，純子さんの誕生会に出席するため，歩いて家を出て，途中にある店で花を買い，純子さんの家に向かった。図1のように，愛さんの家から純子さんの家までの距離は900 mであり，愛さんの家，店，純子さんの家は一直線上にある。あとの問いに答えなさい。

図1   愛さんの家   店   純子さんの家

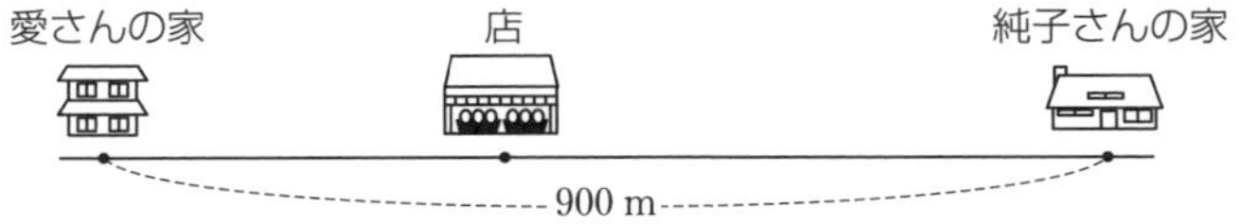

—————— 900 m ——————

87% 絶対落とすな!!

[1] 愛さんは，店に4分間立ち寄って花を買った。愛さんが家を出発してからx分後の，愛さんの家から愛さんまでの距離をy mとして，愛さんが家を出発してから店を出るまでの，xとyの関係をグラフに表すと図2のようになった。愛さんは，家を出発してから店に着くまで毎分何mの速さで進んだか，グラフから読み取って答えなさい。

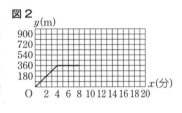

[2] 店を出た愛さんは，家を出発したときと同じ速さで純子さんの家に向かった。2分間歩いたところで，店に傘を置き忘れてきたことに気づき，毎分180 mの速さで店に逆もどりした。愛さんは，店に着いてすぐに傘を受け取り，家を出発したときと同じ速さで進み，純子さんの家に到着した。

愛さんが家を出発してからx分後の，愛さんの家から愛さんまでの距離をy mとして，次の問いに答えなさい。

ただし，愛さんが傘を受け取りに店に着いてから傘を受け取るまでの時間は考えないものとする。

78% (ア) 愛さんが傘を持たずに店を出てから，店にもどって傘を受け取り，純子さんの家に到着するまでの，xとyの関係を表すグラフを，図2にかき加えなさい。

52% (イ) 愛さんが傘を持って店を出てから純子さんの家に到着するまでの，xとyの関係を式に表しなさい。xの変域も書くこと。

〈山形県・改〉

関数 $y=ax^2$

右の図は6つの関数 $y=2x^2$, $y=\dfrac{1}{2}x^2$, $y=x^2$, $y=-2x^2$, $y=-\dfrac{1}{2}x^2$, $y=-x^2$ をグラフに表したものである。このうち, $y=-\dfrac{1}{2}x^2$ のグラフを図の中の①〜⑥のグラフから選び, 番号で答えなさい。

〈佐賀県〉

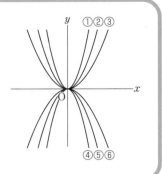

解き方・考え方

$y=ax^2$ のグラフの次の特徴から考える。

$a>0 \rightarrow y=a \times x^2$ より, $y \geqq 0 \rightarrow$ グラフは x 軸の下側にはこない。1つの x の値に対して, a の値が大きいほど y の値は大きい。

　　　$\rightarrow a$ の値が大きいほどグラフの開き方は小さくなる。

よって, ①, ②, ③のグラフは $a>0$ で, $\dfrac{1}{2}<1<2$ より,

①は $a=2$, ②は $a=1$, ③は $a=\dfrac{1}{2}$

$a<0 \rightarrow y=a \times x^2$ より, $y \leqq 0 \rightarrow$ グラフは x 軸の上側にはこない。1つの x の値に対して, a の値が小さい (絶対値が大きい) ほど y の値は小さい。

　　$\rightarrow a$ の値が小さいほどグラフの開き方は小さくなる。

よって, ④, ⑤, ⑥のグラフは $a<0$ で, $-2<-1<-\dfrac{1}{2}$ より,

④は $a=-2$, ⑤は $a=-1$, ⑥は $a=-\dfrac{1}{2}$

☆$y=ax^2$ のグラフと $y=-ax^2$ $(a>0)$ のグラフは x 軸について対称になることを利用すれば, ①, ②, ③の式から, ④, ⑤, ⑥もわかる。

解答 ⑥

入試必出! ● 要点まとめ

● $y=ax^2$
　y は x^2 に比例する。
● $y=ax^2$ のグラフ
　・原点を頂点とし, y 軸について対称な放物線。
　・$a>0$ のとき, 上に開き, $a<0$ のとき, 下に開く。
　・$a \neq 0$ のとき, $y=ax^2$ と $y=-ax^2$ のグラフは, x 軸について対称。

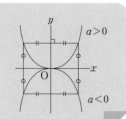

1 次の問いに答えなさい。

86% 〔1〕 y の値が負の値をとらない関数を，次のア〜エから 1 つ選び，符号で書きなさい。

ア　$y=2x$　　イ　$y=2x+3$

ウ　$y=\dfrac{2}{x}$　　エ　$y=2x^2$

〈岐阜県〉

79% 〔2〕 y は x の 2 乗に比例し，$x=3$ のとき $y=-18$ である。
$x=2$ のとき，y の値を求めなさい。

〈福岡県〉

2 次の問いに答えなさい。

72% 〔1〕 図のように，関数 $y=ax^2$ のグラフ上に y 座標が 18 である
2 点 A，B がある。AB$=6$ のとき，a の値を求めなさい。

〈滋賀県〉

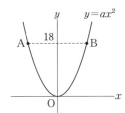

〔2〕 右の図のように，関数 $y=ax^2$ (a は正の定数)のグラフがあ
る。点 O は原点とする。次の問いに答えなさい。

68% ① $a=4$ とする。このグラフと x 軸について対称なグラフ
を表す関数の式を求めなさい。

64% ② x の変域が $-2\leqq x\leqq 3$ のとき，y の変域が $0\leqq y\leqq 18$ と
なる。このとき，a の値を求めなさい。

〈北海道〉

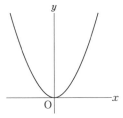

$y=ax^2$ の変化の割合，変域

例題

正答率

↓

(1)
73%

(2)
69%

(1) 関数 $y=\dfrac{1}{4}x^2$ で，x の値が 2 から 6 まで増加するときの変化の割合を求めなさい。　〈埼玉県〉

(2) 関数 $y=-\dfrac{1}{2}x^2$ について，x の変域が $-4\leqq x\leqq 3$ のとき，y の変域は $a\leqq y\leqq b$ である。このとき，a，b の値を求めなさい。　〈神奈川県〉

解き方・考え方

(1) (変化の割合)$=\dfrac{(y\text{の増加量})}{(x\text{の増加量})}$ の式にあてはめて求める。

　　$x=2$ のとき，$y=\dfrac{1}{4}\times 2^2=1$，$x=6$ のとき，$y=\dfrac{1}{4}\times 6^2=9$

　　よって，x の増加量が $6-2=4$ のときの y の増加量が $9-1=8$ より，

　　(変化の割合)$=\dfrac{8}{4}=2$

(2) $y=ax^2$ のグラフは，$a<0$ のとき，$x=0$ で y は
　　最大値 0 をとる。

　　$x=-4$ のとき，$y=-\dfrac{1}{2}\times(-4)^2=-\dfrac{1}{2}\times 16=-8$

　　$x=3$ のとき，$y=-\dfrac{1}{2}\times 3^2=-\dfrac{9}{2}$

　　$-8<-\dfrac{9}{2}$ より，$-8\leqq y\leqq 0$

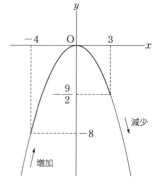

解答 (1) 2　(2) $a=-8$，$b=0$

🌲🌲🌲 入試必出！ 要点まとめ

● **変化の割合**…x が 1 増加したときの y の増加量。
　　例　$y=2x^2$ で，x が -2 から 3 まで増加するときの変化の割合は，
　　$\dfrac{2\times 3^2-2\times(-2)^2}{3-(-2)}=\dfrac{18-8}{5}=2$

● **変域**
　　・x の変域に 0 をふくむ場合。$a>0 \rightarrow y$ の最小値は 0
　　　　　　　　　　　　　　　　　$a<0 \rightarrow y$ の最大値は 0
　　・x の変域に 0 をふくまない場合，y は x の変域の両端の値で最大値，最小値をとる。

1 次の問いに答えなさい。

74% 〔1〕 関数 $y=2x^2$ について，x の値が 1 から 3 まで増加するときの変化の割合を求めなさい。

〈栃木県〉

51% 〔2〕 関数 $y=ax^2$ について，x の値が 1 から 3 まで増加するときの変化の割合が -4 であった。このときの a の値を求めなさい。

〈長野県〉

2 次の問いに答えなさい。

73% 〔1〕 関数 $y=-x^2$ について，x の変域が $-2\leqq x\leqq 1$ のとき，y の変域を求めなさい。

〈長崎県〉

55% 〔2〕 関数 $y=ax^2$ において，x の変域が $-1\leqq x\leqq 3$ のとき，y の変域は $0\leqq y\leqq 18$ である。a の値を求めなさい。また，x の変域が $-1\leqq x\leqq 3$ のときのこの関数のグラフを右図にかきなさい。

〈愛媛県〉

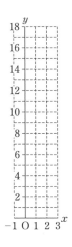

放物線と直線

例題

正答率

↓

(1)
70%

(2)
62%

右の図において，①は関数 $y=\dfrac{1}{2}x^2$ のグラフ，②は①のグラフ上の2点A，Bを通る直線であり，点Aの x 座標は -6，点Bの x 座標は2である。このとき，次の問いに答えなさい。

〔1〕 関数 $y=\dfrac{1}{2}x^2$ について，x の変域が $-6\leqq x\leqq 2$ のときの y の変域を求めなさい。

〔2〕 直線②の式を求めなさい。　　　　　〈山形県・改〉

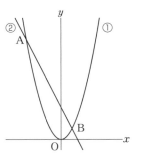

解き方・考え方

〔1〕 $x=-6$ のとき，$y=\dfrac{1}{2}\times(-6)^2=18$

$x=2$ のとき，$y=\dfrac{1}{2}\times 2^2=2$

x の変域に0をふくむから，y の最小値は0
よって，$0\leqq y\leqq 18$

〔2〕 〔1〕より，点A，Bの座標は，A$(-6,\ 18)$，B$(2,\ 2)$，
直線②は，2点A，Bを通るから，$y=ax+b$ とおくと
$$\begin{cases}18=-6a+b\cdots\cdots① \\ 2=2a+b\ \ \ \cdots\cdots②\end{cases}$$
①－② より，$16=-8a$，$a=-2$　……③
③を②に代入して，$2=-4+b$，$b=6$
よって，求める直線の式は，$y=-2x+6$

解答　〔1〕 $0\leqq y\leqq 18$　　〔2〕 $y=-2x+6$

　入試必出！ **要点まとめ**

● **放物線と直線**
- 放物線の式と直線の式が与えられた場合：2つの式を連立方程式として解く。解の x，y の値の組が交点の座標である。
- 放物線の式と2つの交点の x 座標が与えられた場合：交点のそれぞれの x 座標の値を放物線の式に代入して，2つの交点の y 座標を求める。→2点を通る直線の式を求める。
- 直線の式と交わる1点が与えられた場合：x 座標の値を直線の式に代入して，y 座標を求める。→ この点の x 座標，y 座標の値を $y=ax^2$ に代入して，a の値を求める。→ 放物線の式と直線の式から他の交点の座標を求める。

1　右の図のように，関数 $y=ax^2$（a は正の定数）……① のグラフ上に，2 点 A，B がある。点 A の x 座標を -2，点 B の x 座標を 1 とし，点 O は原点とする。
このとき，次の問いに答えなさい。

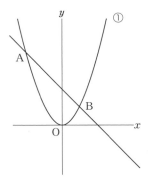

67%　〔1〕　点 A の y 座標が 5 のとき，a の値を求めなさい。

51%　〔2〕　$a=3$ とする。①について，x の値が -2 から -1 まで増加するときの変化の割合を求めなさい。　〈北海道・改〉

2　51%　右図において，m は関数 $y=x^2$ のグラフを表し，n は関数 $y=\dfrac{1}{4}x^2$ のグラフを表す。A は m 上の点であり，その x 座標は 2 である。B は n 上の点であり，その x 座標は -3 である。ℓ は 2 点 A，B を通る直線であり，C は ℓ と y 軸との交点である。C の y 座標を求めなさい。　〈大阪府〉

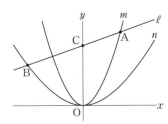

$y=ax^2$ の利用

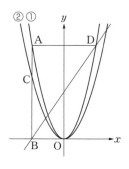

例 題

正答率
↓

(1)
69%

(2)
60%

右の図において，曲線①は関数 $y=x^2$ のグラフであり，曲線②は関数 $y=ax^2$ のグラフである。
点 A は曲線①上の点で，その x 座標は -3 である。
点 B は x 軸上の点で，線分 AB は y 軸に平行である。
点 C は線分 AB と曲線②との交点で，
AC：CB＝1：2 である。
また，点 D は曲線①上の点で，線分 AD は x 軸に平行である。
原点を O とするとき，次の問いに答えなさい。

〔1〕 曲線②の式 $y=ax^2$ の a の値を求めなさい。
〔2〕 直線 BD の式を $y=mx+n$ とするとき，m，n の値を求めなさい。

〈神奈川県・改〉

解き方・考え方

〔1〕 点 A の y 座標は，$x=-3$ を①の式に代入して，$y=(-3)^2=9$

AC：CB＝1：2 より，点 C の y 座標は，$9\times\dfrac{2}{3}=6$

点 C $(-3,\ 6)$ は曲線②上の点だから，$6=a\times(-3)^2$，$a=\dfrac{6}{9}=\dfrac{2}{3}$

〔2〕 点 D は y 軸について点 A と対称だから，D $(3,\ 9)$

点 B の座標は $(-3,\ 0)$ より，直線 BD の傾き m は，$m=\dfrac{9-0}{3-(-3)}=\dfrac{3}{2}$

よって，直線 BD の式，$y=\dfrac{3}{2}x+n$ に $x=-3$，$y=0$ を代入して，

$0=\dfrac{3}{2}\times(-3)+n$，$n=\dfrac{9}{2}$

解 答 〔1〕 $a=\dfrac{2}{3}$　　〔2〕 $m=\dfrac{3}{2}$，$n=\dfrac{9}{2}$

🌱🌱🌱 入試必出！ **要点まとめ**

関数 $y=ax^2$ の利用では，図形の移動にともなって変わる重なり部分の面積を求めさせる問題（**図1**），2つの動点と図形の面積の関係を表す式を求めさせ，グラフをかかせる問題（**図2**）などがよく出題される。
$y=ax^2$ のグラフの利用では，2つの放物線と直線との交点を利用した問題，図形の面積を二等分する直線の式を求めさせる問題（**図3**），平行線と等積変形を利用した問題（**図3**）などがよく出題される。パターンごとに考え方をよく理解しておこう。

図1
△EFG の移動による図形の重なりの面積

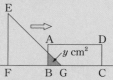

図2
2点 P，Q の移動による △APQ の面積

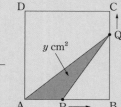

図3
三角形の面積の2等分，等積変形

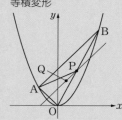

点 A を通り △OAB の面積を2等分する直線は，OB の中点 P を通る。

点 P を通り，AB に平行な直線上に点 Q をとると，△ABP と △ABQ の面積は等しい。

1 ペットボトルに水を入れて，底にあけた穴から水をぬいた。ペットボトルに入っている，高さが y cm の水が，x 分間ですべてなくなるとすると，x と y との関係は $y=ax^2$ で表されるという。実験をしたところ，高さが 9 cm の水がすべてなくなるのに 6 分かかった。
次の(1)～(3)の問いに答えなさい。

 (1) a の値を求めなさい。

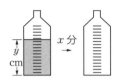

 (2) 表中のア，イにあてはまる数を求めなさい。

x(分)	0	2	4	6	8
y(cm)	0	ア	イ	9	16

71% (3) x と y との関係を表すグラフを右図にかきなさい。($0 \leqq x \leqq 8$)　　〈岐阜県・改〉

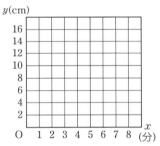

2 右の図において，⑦は関数 $y=\dfrac{1}{2}x^2$ のグラフで，4 点 A，B，C，D は⑦上の点である。点 A と点 D の y 座標は等しく，2 点 B，C の x 座標はそれぞれ -2，2 である。
次の(1)，(2)の問いに答えなさい。

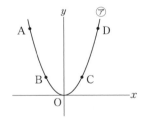

85% (1) 点 B の y 座標を求めなさい。

57% (2) AD＝2BC となるとき，三角形 AOD の面積を求めなさい。　　〈秋田県・改〉

立体の展開図と位置関係

〔1〕 右の図は立方体の展開図である。この展開図を組み立ててできる立方体について、面⑦と平行な面はどれか。図の中の記号で答えなさい。

〈栃木県〉

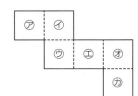

〔2〕 右の展開図を組み立てたときにできる立体で、辺 AB とねじれの位置にある辺を、下の図に、実線で書きなさい。

〈青森県〉

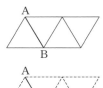

解き方
・考え方

〔1〕 ⑦を底面とすると、⑦、⑦、⑤、⑥は側面になる。
展開図を組み立てると、右の図のようになる。面⑦と面⑰が平行。

〔2〕 展開図に頂点 C と D をかき入れて、展開図を組み立てると、下の図のようになる。辺 AB とねじれの位置にあるのは、辺 CD

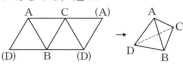

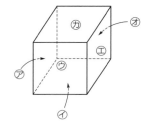

解答 〔1〕 面⑰ 〔2〕

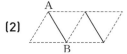

入試必出! **要点まとめ**

● **空間の位置関係**
- 直線と直線 ① 平行
　　　　　　　② 交わる }…同一平面上にある。
　　　　　　　③ ねじれの位置…同一平面上にない。(平行でなく、交わらない)
- 直線と平面 ① 直線が平面上にふくまれる
　　　　　　　② 1点で交わる
　　　　　　　③ 交わらない (平行)
- 平面と平面 ① 1直線で交わる
　　　　　　　② 交わらない (平行)

1 次の問いに答えなさい。

絶対落とすな!!
90%

〔1〕 右の図において，立体 ABCD－EFGH は直方体を面 ADHE
で切断した立体である。四角形 ABCD と四角形 EFGH は
合同な台形であり，AB∥DC，∠ABC＝∠BCD＝90° であ
る。次のア～オのうち，辺 BC と平行な辺，辺 BC とねじれ
の位置にある辺はそれぞれどれか。一つずつ選び，記号を書
きなさい。

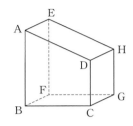

| ア 辺 AD | イ 辺 BF | ウ 辺 DC |
| エ 辺 EH | オ 辺 FG | |

〈大阪府・改〉

78%

〔2〕 右の図において，立体 ABC－DEF は三角柱である。
△ABC は ∠ABC＝90° の直角三角形である。
△DEF≡△ABC，四角形 EFCB は正方形，四角形 DFCA，
DEBA は長方形である。
次のア～オのうち，辺 AB とねじれの位置にある辺をす
べて選び，その記号を書きなさい。

ア 辺 AD　　イ 辺 CF　　ウ 辺 DE　　エ 辺 DF　　オ 辺 FE

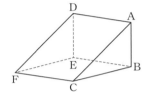

〈大阪府〉

2 次の問いに答えなさい。

51%

〔1〕 右の展開図を組み立てて立方体をつくる。下の①～④はそれ
ぞれ，この立方体の2つの頂点を結ぶ線分である。①～④の
中で，最も長いものはどれか。その番号を書きなさい。
①　線分 AP　②　線分 BP　③　線分 CP　④　線分 DP

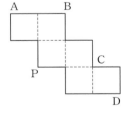

〈広島県〉

53%

〔2〕 **図1**のように，表面に矢印と実線をか
いた立方体がある。この立方体の展開
図を**図2**のように表したとき，矢印を
かいていない残りの面の実線を**図2**に
かきなさい。　　〈青森県〉

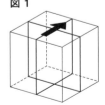

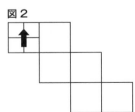

回転体，体積と表面積

例題

正答率 **59%**

右の図のように，正方形 ABCD がある。次の①〜④はそれぞれ，正方形 ABCD から，1辺の長さが正方形 ABCD の1辺の長さの $\frac{1}{4}$ である正方形を切り取った図である。

①〜④の中で，直線 AB を軸として1回転させてできる立体の体積が最も大きくなるものはどれか，求めなさい。

〈広島県〉

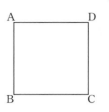

解き方・考え方

右の図のように，正方形を直線 ℓ を軸として回転させると，その体積は，

$$\pi(a+b)^2 a - \pi b^2 a = \pi(a^2+2ab+b^2)a - \pi ab^2$$
$$= \pi a^2(a+2b)$$

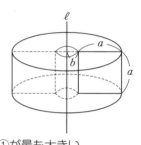

a は正方形の1辺の長さで一定。b が大きいほど，すなわち正方形が回転軸から離れているほど，体積は大きくなる。よって，設問の図で，切り取る正方形が回転軸 AB に近いほど，くりぬかれる体積は小さくなるので，立体の体積は，①が最も大きい。

解答 ①

 入試必出！ 要点まとめ

● **立体の体積**

(柱体〈円柱，角柱〉の体積)=(底面積)×(高さ)

(錐体〈円錐，角錐〉の体積)=$\frac{1}{3}$×(底面積)×(高さ)

● **立体の表面積**

(柱体の表面積)=(側面積)+(底面積)×2

(錐体の表面積)=(側面積)+(底面積)

● **円錐の体積と表面積**

体積 $V = \frac{1}{3} \times \pi r^2 \times h = \frac{1}{3}\pi r^2 h$

側面で，$\ell = 2\pi R \times \dfrac{a}{360} = 2\pi r \rightarrow \dfrac{a}{360} = \dfrac{r}{R}$

$S = \pi R^2 \times \dfrac{a}{360} = \pi Rr = \dfrac{1}{2}\ell R$

(R：母線の長さ　ℓ：展開図のおうぎ形の弧の長さ=底面の円周の長さ)

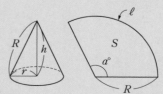

76% 右の図のような，底面の半径が 3 cm，体積が 18π cm³ の円錐がある。
この円錐の高さを求めなさい。　　　　　　　　　　　〈福島県〉

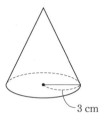

---

2 **55%** 右の図のように，底面の半径が 6 cm，母線の長さが 10 cm の円
錐がある。この円錐の展開図で，側面となるおうぎ形の中心角を
求めなさい。
ただし，円周率は π とする。　　　　　　　　　　〈秋田県〉

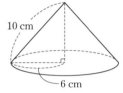

---

3 **54%** 右の図のように，∠A と ∠B がともに 90° より小さい角である
△ABC において，頂点 C から辺 AB にひいた垂線と辺 AB との
交点を D とする。AB＝9 cm，AD＝6 cm，CD＝5 cm のとき，
△ABC を，辺 AB を軸として 1 回転させてできる立体の体積を
求めなさい。
ただし，円周率は π とする。　　　　　　　　　　〈宮城県〉

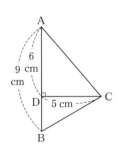

投影図・球

(1) **図1**は，正三角柱を見取図と投影図に表したものである。また，**図2**は，直方体から，この直方体の3つの頂点を通る平面で三角錐を切り取った立体を，見取図に表したものである。**図2**の立体の投影図を，**図3**に実線をかき入れて完成させなさい。　〈山形県〉

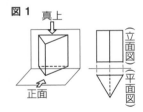

図1

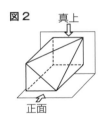

図2

図3

(2) 右の図のように，半径が10 cmの球Aと，底面の半径が10 cm，高さが20 cmの円錐Bがある。球Aの体積と円錐Bの体積にはどのような関係があるか。正しいものを，ア〜エから選びなさい。

ア　球Aの体積は，円錐Bの体積と等しい。
イ　球Aの体積は，円錐Bの体積の2倍である。
ウ　球Aの体積は，円錐Bの体積の3倍である。
エ　球Aの体積は，円錐Bの体積の4倍である。　〈北海道〉

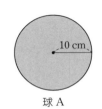

10 cm

球A

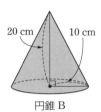

20 cm　10 cm

円錐B

解き方
・
考え方

(1) 頂点の重なりに気をつける。頂点に記号をつけて考えるとよい。
(2) 公式にあてはめて計算すると，
$$A \rightarrow \frac{4000}{3}\pi\ \text{cm}^3 \quad B \rightarrow \frac{2000}{3}\pi\ \text{cm}^3$$

解答 〔1〕 右の図　〔2〕 イ

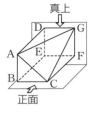

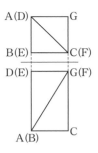

🌳🌳🌳 入試必出! **要点まとめ**

● **投影図**
・空間図形を立面図と平面図の2つで表したもの。　→見える辺は実線で，見えない辺は点線でかく。
● **球**
・球の半径をrとすると，表面積$= 4\pi r^2$　　体積$= \frac{4}{3}\pi r^3$

1 (65%)
右の図は，ある立体の投影図である。この投影図が表す立体の名前として正しいものを，次のア，イ，ウ，エのうちから1つ選び，記号を書きなさい。

ア　四角錐　　イ　四角柱　　ウ　三角錐　　エ　三角柱

〈栃木県〉

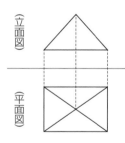

2 (52%)
右の図のように，底面の直径と高さがともに6 cmの円柱の中にちょうどはいる球がある。このとき，この球の体積を求めなさい。

〈鳥取県〉

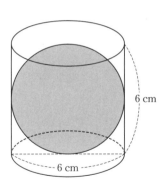

3 (78%)
次のア〜エのうち，右図の立体の投影図として最も適しているものを1つ選び，記号を書きなさい。

 ア　〈立面図〉〈平面図〉

 イ　〈立面図〉〈平面図〉

 ウ　〈立面図〉〈平面図〉

 エ　〈立面図〉〈平面図〉

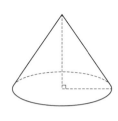

〈大阪府〉

平行線と角

例題

正答率
↓

(1)
73%

(2)
73%

〔1〕 右の図で，$\ell /\!/ m$ のとき，$\angle x$ の大きさを求めなさい。　〈愛媛県〉

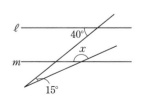

〔2〕 右の図で，$\ell /\!/ m$ のとき，$\angle x$ の大きさを求めなさい。　〈長野県〉

解き方・考え方

〔1〕 折れ曲がった線の角を求めるときは，角の頂点を通る補助線をひく。
80°，100° の角の頂点を通り，ℓ，m に平行な直線をひくと，平行線の錯角は等しいので，右の図のように，等しい角ができる。
$\angle a = 180° - 130° = 50°$
$\angle b = 80° - \angle a = 30°$
$\angle x = 100° - \angle b = 70°$

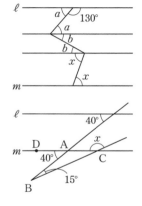

〔2〕 右の図で，平行線の同位角は等しいから，
$\angle DAB = 40°$ より，
$\angle BAC = 180° - 40° = 140°$
$\triangle ABC$ で，$\angle x = \angle ABC + \angle BAC$
$\qquad\qquad = 15° + 140° = 155°$

解答 〔1〕 $\angle x = 70°$　　〔2〕 $\angle x = 155°$

入試必出！ 要点まとめ

● **平行線の同位角は等しい**
右上の図で，$\ell /\!/ m$ のとき，$\angle a = \angle c$，$\angle b = \angle d$，$\angle e = \angle g$，$\angle f = \angle h$

● **平行線の錯角は等しい**
右上の図で，$\ell /\!/ m$ のとき，$\angle f = \angle c$，$\angle b = \angle g$

● **対頂角は等しい**
右上の図で，$\angle a = \angle f$，$\angle b = \angle e$，$\angle c = \angle h$，$\angle d = \angle g$

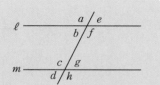

● **三角形の内角の和，内角と外角の関係**
右下の図で，$\angle a + \angle b + \angle c = 180°$
$\qquad \angle d = \angle b + \angle c$，$\angle e = \angle a + \angle c$，$\angle f = \angle a + \angle b$
（三角形の外角は，それととなり合わない2つの内角の和に等しい。）

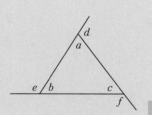

1 右の図において，2直線 ℓ, m は平行である。$\angle x$ の大きさを求めなさい。　　　　〈秋田県〉

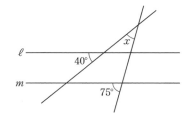

2 86% 右の図で，$\ell \parallel m$ のとき，$\angle x$ の大きさを求めなさい。〈栃木県〉

3 69% 右の図で，2直線 ℓ, m が平行であるとき，x の値を求めなさい。　　　　〈岐阜県〉

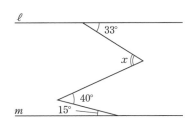

多角形の角

例題

〔1〕 正八角形の1つの内角の大きさを求めなさい。

〈長野県〉

正答率

↓

(1)
72%

(2)
72%

〔2〕 右の図で，五角形 ABCDE は正五角形であり，点
P は辺 DE の延長上にある。∠x の大きさを求めな
さい。

〈福島県〉

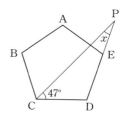

解き方・考え方

〔1〕 n 角形の内角の和は $180° \times (n-2)$ より，正八角形の内角の和は，

$180° \times (8-2) = 1080°$

よって，1つの内角の大きさは，$1080° \div 8 = 135°$

（別解）多角形の外角の和は，$360°$ より，正八角形の1つの外角の大きさは，

$360° \div 8 = 45°$

よって，1つの内角の大きさは，$180° - 45° = 135°$

〔2〕 正五角形の1つの内角の大きさは，

$\{180° \times (5-2)\} \div 5 = 108°$

$\triangle$PCD の内角の和から，$\angle x = 180° - (47° + 108°) = 25°$

解答 〔1〕 **135 度** 〔2〕 **25 度**

入試必出！要点まとめ

● n 角形の内角の和＝$180° \times (n-2)$
● n 角形の外角の和＝$360°$
● 複雑な形の角の和の求め方

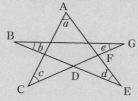

$\triangle$ACF で，$\angle$CFE＝$\angle a + \angle c$
$\triangle$BDG で，$\angle$GDE＝$\angle b + \angle e$
$\triangle$DEF で，$\angle$CFE＋$\angle$GDE＋$\angle$E＝$180°$
　　　　　$(\angle a + \angle c) + (\angle b + \angle e) + \angle d = 180°$
よって，$\angle a + \angle b + \angle c + \angle d + \angle e = 180°$

三角形の内角の和は $180°$，
対頂角は等しい
→ $\angle d + \angle e = \angle f + \angle g$
$\angle a + \angle b + \angle c + \angle d + \angle e$
　$= \angle a + \angle b + \angle c + \angle g + \angle f = 180°$

1 右の図において，∠x の大きさを求めなさい。 〈長崎県〉

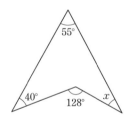

2 74% 右の図のように，1組の三角定規を重ねて置いたとき，
∠x の大きさを求めなさい。 〈宮城県〉

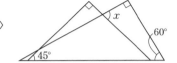

3 74% 右の図において，∠x の大きさを求めなさい。 〈長崎県〉

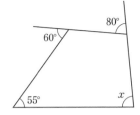

平面図形の性質の利用

右の図のように，AB<BC である長方形 ABCD の，対角線 AC と BD の交点を E とする。この長方形を線分 BD を折り目として折り返したとき，辺 BC が線分 AE と交わる点を F とする。折り返した長方形をもとにもどし，点 B と点 F を結ぶ。ただし，△ABE は正三角形ではないものとする。

∠EBF と同じ大きさの角がいくつかある。そのうちの 1 つの角を答えなさい。

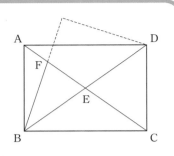

〈宮城県・改〉

解き方・考え方

折り返した角だから，∠EBC＝∠EBF
AD∥BC より，錯角は等しいから，∠ADB＝∠EBC
四角形 ABCD は長方形なので，対角線は長さが等しく，それぞれの中点で交わる。
よって，△EBC，△EDA は二等辺三角形だから，
∠ECB＝∠EBC
∠EAD＝∠EDA
よって，∠EBF＝∠EBC＝∠ECB＝∠EAD＝∠EDA

解答 ∠EBC，∠ECB，∠EAD，∠EDA のうち 1 つを答える。

入試必出！ **要点まとめ**

● **二等辺三角形**…2 つの辺の長さが等しい三角形(定義)
 ・2 つの底角は等しい。
 ・頂角の二等分線は，底辺を垂直に 2 等分する。
● **台形**…向かい合う 1 組の辺が平行な四角形(定義)
● **平行四辺形**…2 組の対辺がそれぞれ平行な四角形(定義)
 ・向かい合う辺は，それぞれ等しい。
 ・向かい合う角は，それぞれ等しい。
 ・2 つの対角線は，互いに他を二等分する。
● **特別な平行四辺形**

となり合う角
が等しい。

平行四辺形

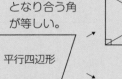
長方形

4 つの角は 90°。
対角線の長さは等しい。

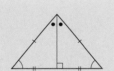
正方形

4 つの角は 90°。
4 つの辺は等しい。
対角線の長さは等しい。
対角線は直交する。

となり合う辺
が等しい。

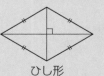
ひし形

4 つの辺は等しい。
対角線は直交する。

右の図は，平行四辺形 ABCD である。点 E は辺 AD 上にあり，AB＝AE である。∠EBC＝20° のとき，∠BCD の大きさを求めなさい。 〈秋田県〉

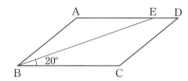

2 53%

次の文の( )に当てはまる条件として最も適切なものを，ア，イ，ウ，エのうちから1つ選び，記号を書きなさい。

> 平行四辺形 ABCD に，( )の条件が加わると，平行四辺形 ABCD は長方形になる。

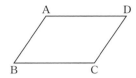

ア　AB＝BC　　イ　AC⊥BD　　ウ　AC＝BD　　エ　∠ABD＝∠CBD　　〈栃木県〉

3 52%

右の平行四辺形 ABCD で，点 A を中心，辺 AB を半径としてコンパスで円をかき，辺 AD との交点を E とする。∠EBC＝52° のとき，∠DCB の大きさを求めなさい。 〈青森県〉

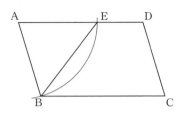

平行線と線分の比

例題

右の図のように，平行な3つの直線 ℓ, m, n に2直線が交わっている。x の値を求めなさい。

〈栃木県〉

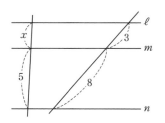

正答率

↓

絶対落とすな!!

86%

解き方・考え方

$\ell \parallel m \parallel n$ なので，右の図で
AB：BC＝DE：EF となる。
よって，$x：5＝3：8$
$x \times 8 = 5 \times 3$
$8x = 15$
$x = \dfrac{15}{8}$

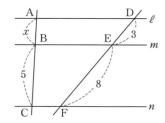

解答 $\dfrac{15}{8}$

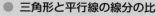入試必出！•**要点まとめ**

● **三角形と平行線の線分の比**
右の図で，BC∥DE とすると，
AD：AB ＝ AE：AC
AD：DB ＝ AE：EC
DE：BC ＝ AD：AB
DE：BC ＝ AE：AC
が成り立つ。

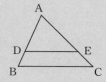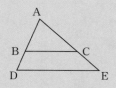

● 三角形の辺 AB，AC の中点を，それぞれ M，N とすると，
MN∥BC， $MN = \dfrac{1}{2}BC$ が成り立つ。(中点連結定理)

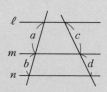

● **平行線と線分の比**
右の図で，$\ell \parallel m \parallel n$ のとき，
$a：b＝c：d$
$a：c＝b：d$

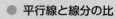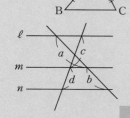

1 83 %

右の図のように，平行な2つの直線 ℓ, m に2直線が交わっている。x の値を求めなさい。 〈栃木県〉

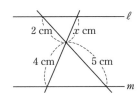

2 76%

右の図のように，三角形 ABC があり，点 D，E はそれぞれ辺 AB，AC 上の点で，DE∥BC である。
AD＝6 cm，DB＝4 cm，BC＝15 cm のとき，線分 DE の長さを求めなさい。 〈秋田県〉

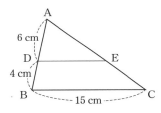

3 51%

△ABC と △DEF が右の図のように重なっており，辺 FE は BC に平行である。点 D は辺 BC 上の点であり，点 A は辺 FE 上の点である。辺 AB と FD との交点を G，辺 AC と ED との交点を H とし，線分 GE と AH との交点を I とすると，四角形 AGDH は平行四辺形になる。
BD：DC＝3：2 のとき，GI：IE を求めなさい。

〈岐阜県・改〉

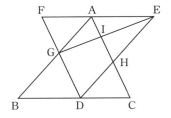

円周角と三角形の角の利用

例 題

図のように，円 O の周上にある 4 点 A，B，C，D を頂点とする四角形 ABCD がある。
∠ABD＝∠DBC＝30°，∠ACB＝45° とする。
∠BDC の大きさを求めなさい。　　　　〈秋田県・改〉

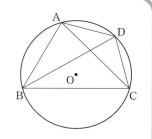

正答率

↓

71%

解き方・考え方

まず，わかっていることを，図に書き込む。
△ABC の内角の和から，
∠BAC＝180°－(30°＋30°＋45°)
　　　＝75°
$\overparen{BC}$ に対する円周角は等しいから，
∠BDC＝∠BAC
　　　＝75°

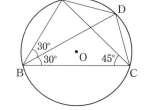

解 答　75 度

 **入試必出！　要点まとめ**

● **円の性質の利用**
　円の半径が等しい → 半径を 2 辺とする三角形は二等辺三角形。60° の角をなす半径を 2 辺とする三角形は正三角形。
　円の直径に対する円周角は 90°（右の図の ○＋×＝90°）

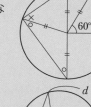

● **円の弧に対する定理**
　1 つの円，または半径の等しい円において，
　・等しい円周角に対する弧の長さは等しい。
　・等しい弧に対する円周角は等しい。
　・等しい弧に対する弦の長さは等しい。
　・弧の長さは，円周角の大きさに比例する。
　　右の図で，$a：b＝c：d$

● **円の接線**
　円の接線は，その接点を通る半径に垂直である。

1 図のように，円 O に点 A で接する直線 ℓ と，点 B で接する直線 m が点 C で交わり，∠ACB は鋭角である。また，線分 AO の延長と直線 m との交点を D とすると，∠ACB＝65° のとき，∠ADC の大きさを求めなさい。

〈宮崎県・改〉

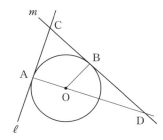

2 79% 右の図のように，線分 AB を直径とする円 O の円周上に，2 点 C，D がある。∠ABD＝70° であるとき，∠x の大きさを求めなさい。　　〈宮崎県〉

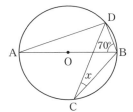

3 51% 右の図のように，円 O の円周上に 4 点 A，B，C，D をとり，四角形 ABCD をつくる。線分 AC，BD の交点を E とする。AB＝BC，∠ABD＝62°，∠CAD＝50° のとき，∠AED の大きさは ☐ ° である。　　〈福岡県〉

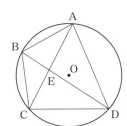

円周角と中心角

右の図で，円 O の円周上に 2 点 A，B があり，点 B を通り，半径 OA と平行な直線が円 O と交わる点を C とする。

∠ACB＝25° のとき，∠BOC の大きさを求めなさい。

〈千葉県〉

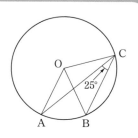

解き方・考え方

$\overgroup{AB}$ に対する円周角と中心角より，

∠AOB＝2∠ACB＝50°

OA∥CB より，錯角は等しいから，

∠OAC＝∠ACB＝25°

OA＝OC より，

∠OCA＝∠OAC＝25°

△OAC の内角の和より，

∠BOC＝180°−(25°×2＋50°)

　　　＝80°

(別解) 中心角を利用しない場合

∠OAC＝∠ACB＝25°

よって，∠OCB＝25°＋25°＝50°

OC＝OB より，∠OBC＝∠OCB＝50° だから，

△OBC の内角の和より，

∠BOC＝180°−50°×2

　　　＝80°

☆このように，数学では，解き方は 1 通りではない。解きやすい方法で解けばよいが，常に，より簡単な方法を考えるようにしよう。

解答 80度

 入試必出！ **要点まとめ**

● **円周角の定理**…1 つの円で 1 つの弧に対する円周角の大きさは，その弧に対する中心角の半分である。

● **中心角の性質**…1 つの円で等しい弧に対する中心角の大きさは等しい。

　　　　弧の長さは，中心角の大きさに比例する。→おうぎ形に応用

　　　　右の図で，おうぎ形の弧の長さは，$12\pi \times \dfrac{60}{360}＝2\pi$ (cm)

　　　　おうぎ形の面積は，$\pi \times 6^2 \times \dfrac{60}{360}＝6\pi$ (cm²)

1 74% 次の[　　　]の中の「あ」「い」に当てはまる数字をそれぞれ答えなさい。

右の図は，線分 AB を直径とする円 O であり，2 点 C，D は，円 O の周上にある点である。

4 点 A，B，C，D は，右の図のように A，C，B，D の順に並んでおり，互いに一致しない。

点 A と点 C，点 A と点 D，点 B と点 D，点 C と点 D をそれぞれ結ぶ。

∠BAD＝25° のとき，x で示した ∠ACD の大きさは，[あい]度である。〈東京都〉

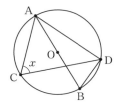

2 60% 右の図のように，円 O の円周上に 3 点 A，B，C を，∠BAC が鈍角となるようにとり，△ABC をつくる。中心 O と点 A，中心 O と点 C をそれぞれ結ぶ。線分 OA，BC の交点を D とする。

∠BAO＝65°，∠AOC＝80° のとき，

∠CDO の大きさは[　　]° である。〈福岡県〉

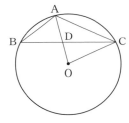

3 54% 右の図において，点 A，B，C は円 O の周上の点である。∠x の大きさを求めなさい。〈栃木県〉

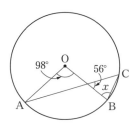

合同

例題

正答率

↓

50%

右の図において，線分 AB 上に点 D，線分 AC 上に点 E があり，線分 CD と線分 BE の交点を F とする。AD＝AE，∠ADC＝∠AEB であるとき，△ACD と合同な三角形を答えなさい。また，それらが合同であることを証明するときに使う三角形の合同条件を書きなさい。

〈秋田県〉

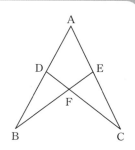

解き方・考え方

まず，図にわかっていることを書き込むと，右の図のようになる。

△ACD と△ABE で

仮定より，∠ADC＝∠AEB

AD＝AE

共通な角だから，∠DAC＝∠EAB

よって，1 辺とその両端の角がそれぞれ等しいから，

△ACD≡△ABE

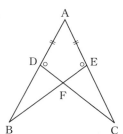

解答 合同な三角形…△ABE
合同条件…1 辺とその両端の角がそれぞれ等しい。

 入試必出！● 要点まとめ

● **三角形の合同条件**…次の①～③のどれかが成り立つとき，合同である。

① 3 組の辺がそれぞれ等しい。

② 2 組の辺とその間の角がそれぞれ等しい。

③ 1 組の辺とその両端の角がそれぞれ等しい。

①   ②   ③

● **直角三角形の合同条件**…次の①，②のどちらかが成り立つとき，合同である。

① 斜辺と 1 つの鋭角がそれぞれ等しい。

② 斜辺と他の 1 辺がそれぞれ等しい。

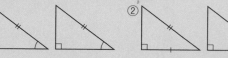

1　64%

図のように，AD∥BC の台形 ABCD があり，AD＝2 cm，CD＝4 cm，∠ADC＝90° である。辺 CD の中点を E とし，点 E から線分 AC にひいた垂線と線分 AC，辺 BC との交点をそれぞれ F，G とする。線分 GC の長さを求めなさい。

〈秋田県・改〉

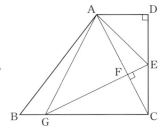

2　63%

右の図で，△ABC は正三角形である。
点 P は辺 BC 上にある点で，頂点 B，頂点 C のいずれにも一致しない。
点 Q は辺 AC 上にある点で，頂点 A，頂点 C のいずれにも一致しない。
頂点 A と点 P を結んだ線分と，頂点 B と点 Q を結んだ線分との交点を R とする。CP＝AQ のとき，△APC≡△BQA であることを証明しなさい。

〈東京都・改〉

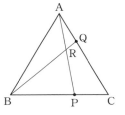

3　53%

右の図において，△BDC は正三角形である。点 P を △ABC の内部にとり，点 Q を，△CPQ が正三角形となるように，△BDC の内部にとる。
△PBC≡△QDC となることを証明しなさい。　〈奈良県・改〉

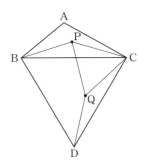

相似

図のように，円 O の周上にある 4 点 A，B，C，D を頂点とする四角形 ABCD がある。線分 AC と線分 BD の交点を E とするとき，△ABE∽△DCE となることを証明しなさい。　〈秋田県・改〉

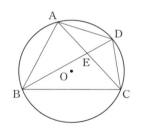

解き方
・
考え方

三角形や四角形の頂点が円周上にあるときは，円周角に目をつける。

解　答

(証明)△ABE と △DCE において，

⌢AD に対する円周角は等しいから，

∠ABD＝∠DCA

よって　∠ABE＝∠DCE　……①

対頂角は等しいから，

∠AEB＝∠DEC　……②

①，②より，2 組の角がそれぞれ等しいから，

△ABE∽△DCE

☆⌢BC に対する円周角から，∠BAE＝∠CDE としてもよい。

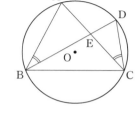

 入試必出！ **要点まとめ**

● **相似な図形**
- 相似な図形では，対応する辺の長さの比はすべて等しく，対応する角の大きさはそれぞれ等しい。
- すべての正方形は相似である。相似比は，辺の長さの比に等しい。
- すべての円は相似である。相似比は，半径の長さの比に等しい。
- 相似比が $m:n$ の 2 つの平面図形の面積の比は，$m^2:n^2$
- 相似比が $m:n$ の 2 つの立体の表面積の比は，$m^2:n^2$
- 相似比が $m:n$ の 2 つの立体の体積の比は，$m^3:n^3$

● **三角形の相似条件**…2 つの三角形は，次の①〜③のどれかが成り立つとき，相似である。
① 3 組の辺の比がすべて等しい。
② 2 組の辺の比とその間の角がそれぞれ等しい。
③ 2 組の角がそれぞれ等しい。

①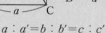

$a:a'=b:b'=c:c'$

②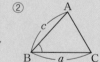

$\begin{cases} a:a'=c:c' \\ \angle B=\angle B' \end{cases}$

③

$\begin{cases} \angle A=\angle A' \\ \angle B=\angle B' \end{cases}$

1 75%

∠ABC＝90° の直角三角形 ABC がある。右の図のように，辺 BC の中点 D をとり，点 D を通り辺 BA に平行な直線と，点 B を通り辺 AC に垂直な直線との交点を E とする。辺 AC と直線 BE，DE との交点を，それぞれ F，G とする。相似な三角形を1組選び，その2つの三角形が相似であることを証明しなさい。　　　〈福岡県・改〉

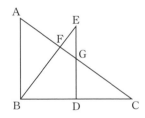

2 55%

右の図のように，∠ABC＜90° である平行四辺形 ABCD において，∠DAB の二等分線と辺 BC を C の方へ延長した直線との交点を E とする。線分 AE と対角線 BD，辺 CD との交点をそれぞれ F，G とする。△ABF と相似な三角形を答えなさい。　〈宮城県・改〉

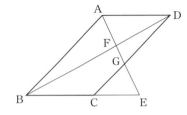

3 55%

右の図のように，AB＝AC＝9，BC＝6 の二等辺三角形 ABC がある。辺 AB 上に BE＝3 となる点 E をとり，辺 BC 上に ∠BAC＝∠BDE となる点 D をとる。このとき，線分 BD の長さを求めなさい。　〈滋賀県〉

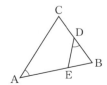

4 55%

△ABC と △DEF は相似であり，その相似比は 2：3 である。△ABC の面積が 8 cm² であるとき，△DEF の面積を求めなさい。　〈栃木県〉

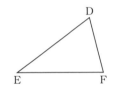

三平方の定理

例題

正答率

↓

50%

図1，図2のように，8つの点 A，B，C，D，E，F，G，H を頂点とする直方体 ABCD–EFGH があり，AB＝AD＝9 cm，AE＝8 cm である。また，点 P は辺 AB 上にあり，AP＝6 cm である。このとき，図2において，線分 EP の長さは何 cm か，求めなさい。

〈長崎県・改〉

図1

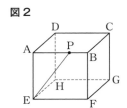

図2

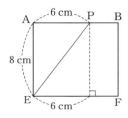

解き方・考え方

面 AEFB だけを取り出してかくと，右の図のようになる。
△AEP において三平方の定理を用いると，

$EP^2＝AE^2＋AP^2＝8^2＋6^2＝64＋36$
　　$＝100$

$EP＞0$ より，$EP＝\sqrt{100}＝10$（cm）

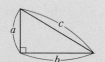

☆必要な部分だけを取り出して図をかいてみると，わかりやすくなる。

解答 　**10 cm**

 入試必出！ **要点まとめ**

● **三平方の定理**…直角三角形の直角をはさむ2辺の長さを a，b，斜辺の長さを c とすると，$a^2＋b^2＝c^2$ の関係が成り立つ。

● **特別な三角形の辺の比**（三角定規の三角形）
　・直角二等辺三角形の辺の比
　　　$AC：BC：AB＝1：1：\sqrt{2}$
　・60° の角をもつ直角三角形の辺の比
　　　$AC：AB：BC＝1：2：\sqrt{3}$

● **座標への応用**…座標平面上の2点 $A(x_2, y_2)$，$B(x_1, y_1)$ 間の距離
　　　$AB＝\sqrt{(x_2－x_1)^2＋(y_2－y_1)^2}$

● **直方体の対角線**
　　　$AC＝\sqrt{a^2＋b^2＋c^2}$

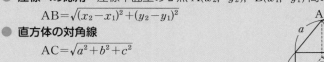
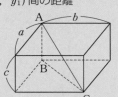
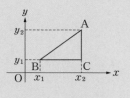

1 83%

右の図は，辺 AB が 2 cm，辺 AC が 5 cm,
∠A が 90° の直角三角形である。この直角
三角形の辺 BC の長さを求めなさい。

〈山梨県〉

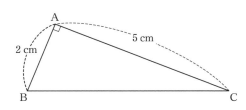

2 65%

次の長さを 3 辺とする三角形のうち，直角三角形を，ア〜オから 2 つ選びなさい。

ア　2 cm，7 cm，8 cm
イ　3 cm，4 cm，5 cm
ウ　3 cm，5 cm，$\sqrt{30}$ cm
エ　$\sqrt{2}$ cm，$\sqrt{3}$ cm，3 cm
オ　$\sqrt{3}$ cm，$\sqrt{7}$ cm，$\sqrt{10}$ cm

〈北海道〉

3 57%

右の図で，点 A，B の座標は A(-2，-1)，B(3，1) である。
AB の長さを求めなさい。

〈長野県・改〉

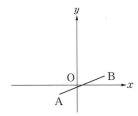

明美さんは，右の図の△ABCをもとに，下の【条件】の①，②をともにみたす△ACPをつくりたいと考えた。明美さんがつくりたいと考えた△ACPの頂点Pの位置を，定規とコンパスを使って作図しなさい。

ただし，作図に使った線は残しておくこと。

【条件】

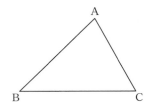

① 辺APの長さと辺CPの長さは等しい。

② 点Pは△ABCの内部にあり，点Pと辺ABとの距離は，点Pと辺ACとの距離に等しい。

〈山形県〉

解き方・考え方

条件①より，AP＝CP → 点Pは辺ACの垂直二等分線上にある。

条件②より，点Pは，2辺AB，ACから等距離にある。

→ 点Pは∠BACの二等分線上にある。

よって，点Pは，線分ACの垂直二等分線と，∠BACの二等分線との交点である。（下の要点まとめ参照）

解答 右の図

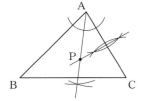

 要点まとめ

● 線分ABの垂直二等分線

A，Bを中心に，等しい半径の円をかき，交点をC，Dとし，CとDを結ぶ。（ひし形の2本の対角線は，それぞれの中点で垂直に交わる。）

● ∠AOBの二等分線

Oを中心とする円とOA，OBとの交点をC，Dとする。→ C，Dをそれぞれ中心とする同じ半径の円をかき，その交点をPとする。→ OとPを結ぶ。（△COP≡△DOP となる。）

● 直線上にない点Oから直線 ABへの垂線

Oを中心とする円とABとの交点をC，Dとする。→ C，Dをそれぞれ中心とする同じ半径の円をかき，その交点をPとする。→ OとPを結ぶ。（二等辺三角形OCDで，∠COP＝∠DOP となる。）

右の図のように，直線 ℓ と直線 ℓ 上にない 2 点 A，B があり，この 2 点を通る直線を m とする。直線 ℓ と直線 m からの距離が等しくなる点のうち，2 点 A，B から等しい距離にある点を P とするとき，点 P をコンパスと定規を使って作図しなさい。
ただし，作図するためにかいた線は，消さないでおきなさい。

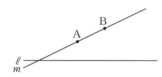

〈埼玉県〉

右の図で，直線 ℓ 上の点 A を通り，直線 ℓ に垂直な直線を作図しなさい。
ただし，作図には定規とコンパスを用い，作図に用いた線は消さずに残しておくこと。　　〈山梨県〉

3 54%

右の図の円 O において，周上の点 A を通る円 O の接線を作図しなさい。ただし，作図には定規とコンパスを使い，また作図に用いた線は消さないこと。　　〈栃木県〉

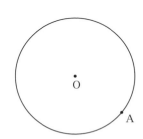

図形の移動と作図

例題

正答率

↓

70%

春美さんは，右の図の，∠C＝90° の △ABC をもとに，下の【条件】の①，②をともにみたす長方形 BCPQ をつくりたいと考えた。春美さんがつくりたいと考えた長方形 BCPQ の 2 つの頂点 P，Q の位置を，定規とコンパスを使って作図しなさい。ただし，作図に使った線は残しておくこと。

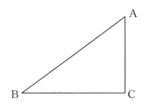

【条件】

① 長方形 BCPQ の面積は，△ABC の面積に等しい。

② 点 P は，△ABC の辺 AC 上にある。

〈山形県〉

解き方・考え方

PQ と AB との交点を D とする。

四角形 BCPQ が長方形で，AC∥QB より，∠DAP＝∠DBQ（錯角），∠DPA＝∠DQB＝90° ここで，AP＝BQ であれば，1 組の辺とその両端の角がそれぞれ等しくなり，△ADP≡△BDQ，すなわち，△ADP＝△BDQ となる。

このとき，四角形 BCPQ は長方形で，BQ＝CP だから，AP＝CP であればよい。

よって，線分 AC の垂直二等分線と辺 AC との交点を P とし，線分 AC の垂直二等分線上に PQ＝CB となる点 Q をとればよい（解答の図）。

解答 右の図

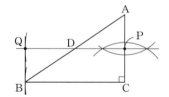

 入試必出! 要点まとめ

● **角の作図**

60° の角 → 正三角形の角を利用

30° の角 → 60° の角の二等分線を利用

120° の角 → 180°－60°＝120° を利用

90° の角 → 垂線や直径に対する円周角を利用

45° の角 → 90° の角の二等分線や直角二等辺三角形を利用

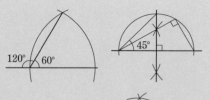

● **円に関する作図**

3 点 A，B，C を通る円 → 弦 AB，BC それぞれの垂直二等分線の交点が中心となる

点 A を通る円 O の接線 → 点 A における OA の垂線

1 **59%** 右の図のように，直線 ℓ と 2 点 A，B がある。2 点 A，B を通り，中心が直線 ℓ 上にある円の中心 O をコンパスと定規を使って作図しなさい。
ただし，作図するためにかいた線は，消さないでおきなさい。　〈埼玉県〉

2 **57%** 右の図のような，線分 AB と直線 ℓ がある。
線分 AB を対角線とし，直線 ℓ 上に頂点の 1 つがあるひし形を，コンパスと定規を使って作図しなさい。作図に用いた線は消さずに残しておくこと。
〈宮崎県〉

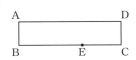

3 **50%** 右の**図 1** のような長方形 ABCD があり，辺 BC 上に点 E がある。この長方形を**図 2** のように頂点 A が点 E に重なるように折ったときにできる折り目の線 PQ を，**図 1** に作図しなさい。ただし，作図に用いた線は消さずに残しておくこと。　〈愛媛県〉

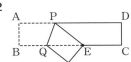

4 **54%** 右の図において，△ABC を，辺 BC を対称の軸として対称移動させた図形を △PBC とする。△PBC の辺 PB，PC を，定規とコンパスを用いて作図しなさい。また，点 P の位置を示す文字 P も書きなさい。
ただし，作図に用いた線は，消さないでおくこと。　〈福島県〉

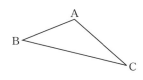

場合の数

A さんのクラスで腕相撲大会を行う。選手は，必ず他の選手全員と 1 回ずつ対戦するものとする。選手が 2 人のとき，行われる試合の数は 1 試合である。選手が 1 人増えて 3 人になると，試合の数は 2 試合増えて全部で 3 試合となる。A さんは，選手の人数とそのとき行われる試合の数を，次の表にまとめることにした。

このとき，次の[1]，[2]に答えなさい。

選手の人数(人)	2	3	4	5	6	…		…
行われる試合の数(試合)	1	3				…	55	…

[1] 選手が 5 人のとき行われる試合の数を求めなさい。

[2] 行われる試合の数が 55 試合のとき，選手は何人か。その人数を求めなさい。

〈埼玉県〉

解き方・考え方

[1] 5 人の選手を A，B，C，D，E とすると，全試合は，**図1**の樹形図より，10 試合。
(別解) **図2**のような表を書くと，対戦は○をつけた 10 試合となる。

[2] **図2**より，5 人のとき，1＋2＋3＋4＝10（試合）
6 人のとき，1＋2＋3＋4＋5＝15（試合）
⋮
55＝1＋2＋3＋……＋10 だから，10＋1＝11（人）

(別解) 選手の人数が n 人 $(n \geq 2)$ のとき，試合の数は $n(n-1) \div 2$ （試合）と表される。
よって，2 次方程式 $n(n-1) \div 2 = 55$ を解いて，
$(n+10)(n-11)=0$，$n>0$ だから，$n=11$ （人）

図1

```
      B
    / C
A <  D
    \ E
```
```
    C
B < D
    E
```
```
C < D
    E
```
```
D — E
```

図2

	A	B	C	D	E
A		○	○	○	○
B			○	○	○
C				○	○
D					○
E					

解答 [1] 10 試合 [2] 11 人

入試必出！ 要点まとめ

場合の数は数えるときに落ちや重なりがないように，樹形図や表などを使い，分類整理をして順序よく調べる。

- 2 枚のコインの表，裏の出方(右の図 1)
- 2 個のサイコロの目の数の和(右の図 2)
- 赤玉 2 個，白玉 2 個の 4 個から 2 個を取り出すときの取り出し方は，❶❷，❶①，❶②，❷①，❷②，①②のように，赤玉，白玉ともに，2 個を区別する。
- A，B，C 3 人のうち，2 人の組み合わせ
  {A，B}，{A，C}，{B，C}の 3 通り
  組み合わせの場合，(A，B)と(B，A)は同じになることに注意する。

図1 
```
    / 表
表 <
    \ 裏

    / 表
裏 <
    \ 裏
```
4 通り

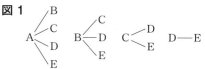

図2

	1	2	3	4	5	6
1	2	3	4	5	6	7
2	3	4	5	6	7	8
3	4	5	6	7	8	9
4	5	6	7	8	9	10
5	6	7	8	9	10	11
6	7	8	9	10	11	12

1 **94%**

ある中学校でバレーボール大会を行うことになった。どのチームも他のすべてのチームと1回ずつ対戦するとしたとき，チーム数ごとに総試合数はいくらになるかを求め，表にまとめることにした。次の問いに答えなさい。

表

チーム数	2	3	4	5	…
総試合数	1	3	6		…

3チームの場合，図のように，A，B，Cのチームが3本の線で結べるので，総試合数は3試合であることがわかった。これを参考にして，5チームの場合の総試合数を求めなさい。　　　　　　　　　〈滋賀県・改〉

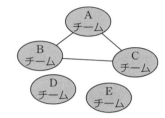

2 **74%**

2人の男子 A，B と，4人の女子 C，D，E，F の中から，男子と女子を1人ずつくじびきで選ぶとき，選び方は全部で何通りあるか，求めなさい。　　　　　　〈栃木県〉

3 **60%**

右の図のように，2，3，5，7の数字を1つずつ書いた4枚のカードがある。この4枚のカードを並べてできる4けたの整数のうち，偶数は全部で何個あるか，求めなさい。

2 3 5 7

〈北海道〉

 確率

例題

正答率

69%

右の図のような，1から4までの数字を1つずつ書いた4枚のカードがある。これらのカードをよくきってから2回続けてひき，1回目にひいたカードに書いてある数字を十の位，2回目にひいたカードに書いてある数字を一の位として，2けたの整数をつくる。このとき，できた整数が4の倍数になる確率を求めなさい。

〈栃木県〉

| 1 | 2 | 3 | 4 |

解き方・考え方

できる2けたの整数は，

<u>12</u>，13，14，21，23，<u>24</u>，31，<u>32</u>，34，41，42，43の12通りある。このうち4の倍数は＿＿の3通りだから，求める確率は，

$$\frac{3}{12}=\frac{1}{4}$$

解答 $\frac{1}{4}$

 入試必出！ **要点まとめ**

● **確率の意味**

実験や観察を行った結果，起こりうる場合が全部で n 通りあり，そのどれが起こることも同様に確からしいとき，ことがら A が起こることが a 通りある場合，A の起こる確率 p は，

$$p=\frac{a}{n}\ (0\leqq p\leqq 1)$$

（A が起こらない確率）＝1－（A が起こる確率）

● **確率の求め方の例**

・大小2個のさいころを投げたとき，出た目の数の積が6になる確率

すべての場合（目の出方）は，6×6＝36（通り）

積が6は，(1, 6)，(2, 3)，(3, 2)，(6, 1)の4通り $\Biggr\} \rightarrow \dfrac{4}{36}=\dfrac{1}{9}$

・ジョーカーを除く52枚のトランプから1枚ひくとき，それが絵札である確率

すべての場合は，52通り

絵札は，各マークに3枚ずつの計12枚 $\Biggr\} \rightarrow \dfrac{12}{52}=\dfrac{3}{13}$

・A，B，C，Dの4人から3人を選ぶとき，Aが3人のなかにふくまれる確率

A，B，C，Dの4人から3人の選び方は，

{A，B，C}，{A，B，D}，{A，C，D}，{B，C，D}の4通り。そのうち，Aがふくまれるのは，＿＿＿＿＿の3通り $\Biggr\} \rightarrow \dfrac{3}{4}$

1 80% 1から6までの目のついた2つのさいころ A，B を同時に1回投げ，出た目の数をそれぞれ p，q とする。このとき，$p+q$ の値が7となる確率を求めなさい。

ただし，A，B のさいころの目の出方は，どれも同様に確からしいものとする。　〈山梨県〉

2 73% 図のような5枚のトランプのカードがある。この5枚のカードをよくきって，同時に2枚のカードを取り出すとき，1枚は◆(ダイヤ)のカードで1枚は♠(スペード)のカードとなる確率を求めなさい。

ただし，どのカードが取り出されることも同様に確からしいものとする。　〈宮崎県・改〉

3 71% 袋の中に赤玉が1個，白玉が2個，青玉が3個，合わせて6個の玉が入っている。この袋の中から同時に2個の玉を取り出すとき，2個とも青玉である確率を求めなさい。

ただし，どの玉が取り出されることも同様に確からしいものとする。　〈東京都〉

データの活用

| 例題 | 右の表は，A中学校の生徒39人とB中学校の生徒100人の通学時間を調べ，度数分布表に整理したものである。次の(1)～(3)の問いに答えなさい。 |

正答率

(1) 52%

(2) 51%

右の表は，A中学校の生徒39人とB中学校の生徒100人の通学時間を調べ，度数分布表に整理したものである。次の(1)～(3)の問いに答えなさい。

(1) A中学校の通学時間の最頻値(モード)を求めなさい。

(2) 右の度数分布表について述べた文として正しいものを，次のア～エから全て選びなさい。

ア　A中学校とB中学校の，通学時間の最頻値は同じである。

イ　A中学校とB中学校の，通学時間の中央値(メジアン)は同じ階級にある。

ウ　A中学校よりB中学校のほうが，通学時間が15分未満の生徒の相対度数が大きい。

エ　A中学校よりB中学校のほうが，通学時間の範囲(レンジ)が大きい。

〈岐阜県〉

通学時間（分）	A中学校（人）	B中学校（人）
以上　未満		
0 ～ 5	0	4
5 ～ 10	6	10
10 ～ 15	7	16
15 ～ 20	8	21
20 ～ 25	9	18
25 ～ 30	5	15
30 ～ 35	4	10
35 ～ 40	0	6
計	39	100

解き方・考え方

最頻値(モード)，中央値(メジアン)，相対度数などの意味を正しく理解する。

(1) 最頻値は，度数の最も大きい階級の階級値であるから，A中学校では，度数9の階級20分以上25分未満の階級の階級値より，$(20+25) \div 2 = 22.5$（分）

(2) ア　B中学校の最頻値は $(15+20) \div 2 = 17.5$（分）より，正しくない。

イ　A中学校の中央値の階級は39人の真ん中にあたる20番目の人が入っている階級，B中学校の中央値の階級は50番目と51番目の平均であるが，どちらも15分以上20分以内に入っているから，中央値は同じ階級にあって，正しい。

ウ　A中学校の15分未満の生徒の相対度数は，$(0+6+7) \div 39 = 0.33$……，B中学校の15分未満の生徒の相対度数は，$(4+10+16) \div 100 = 0.3$　よって，A中学校のほうが大きいから正しくない。

エ　A中学校の範囲(レンジ)は，35分未満－5分以上＜30分　より，最大でも30分より小さい。B中学校の範囲は，35分以上－5分未満＞30分　より，最小でも30分より大きい。したがって，B中学校のほうが範囲が大きく，正しい。

解答 (1) 22.5分　　(2) イ，エ

入試必出！要点まとめ

- 平均値…{(階級値×度数)の和}÷(度数の合計)
- 中央値(メジアン)…データを大きさの順に並べたときの中央の値。
- 最頻値(モード)…度数の最も多い階級の階級値。
- 累積度数…各階級について，最初の階級から，その階級までの度数の合計。
- 範囲(レンジ)…データの最大値から最小値をひいた値。

1 絶対落とすな!! **85%**

右の表は，ある家庭で購入した卵20個の重さを1個ずつはかり，度数分布表にまとめたものである。このとき，表のx，yの値を，それぞれ答えなさい。また，この度数分布表から卵の重さの平均値を，小数第1位まで答えなさい。

〈新潟県〉

階級(g)	階級値(g)	度数(個)	階級値×度数
以上　未満			
52 ～ 54	x	2	106
54 ～ 56	55	4	220
56 ～ 58	57	4	228
58 ～ 60	59	3	177
60 ～ 62	61	5	y
62 ～ 64	63	2	126
計		20	1162

2

次のデータは，生徒15人の通学時間を4月に調べたものである。

3, 5, 7, 7, 8, 9, 9, 11, 12, 12, 12, 14, 16, 18, 20 (分)

このとき，次の[1]，[2]の問いに答えなさい。

64% [1] このデータから読み取れる通学時間の最頻値を答えなさい。

71% [2] このデータを右の度数分布表に整理したとき，5分以上10分未満の階級の相対度数を求めなさい。　〈栃木県〉

階級(分)	度数(人)
以上　未満	
0 ～ 5	
5 ～ 10	
10 ～ 15	
15 ～ 20	
20 ～ 25	
計	15

3 **67%**

右の表は，マンゴー30個について，それぞれの重さをはかり，その結果を度数分布表に整理したものである。
階級380g以上390g未満の相対度数を，四捨五入して小数第2位まで求めなさい。　〈宮崎県〉

階級(g)	度数(個)
以上　未満	
350 ～ 360	1
360 ～ 370	3
370 ～ 380	8
380 ～ 390	7
390 ～ 400	9
400 ～ 410	2
計	30

データの比較

例題　右のデータは，13人の100点満点のテストの結果である。

37	41	41	43	46	46	48
50	51	57	58	60	64 (点)	

(1) このデータを右のような箱ひげ図に表した。ア，イ，ウ，エ，オにあたる値を答えなさい。

(2) ア，イ，ウ，エ，オにあたる値を何と呼ぶか答えなさい。

(3) このデータの四分位範囲を求めなさい。

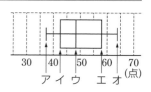

解き方・考え方

(1)，(2) まずデータを小さい順に並べる。それを4等分し，3つの区切り線を考える。区切り線にあたる位置の数を小さいほうから第1四分位数，第2四分位数（中央値，メジアン），第3四分位数という。データが奇数個のときは，真ん中に位置する数を外して4等分する。データを4等分すると，次のようになる。

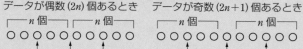

真ん中に位置する48点が第2四分位数，それより前のデータの真ん中に位置する41と43の平均の42点が第1四分位数，第3四分位数は57と58の平均の57.5点となる。

(3) 四分位範囲はエの値からイの値をひいた差だから，57.5−42＝15.5（点）

解答

(1) ア…37点　　イ…42点　　ウ…48点　　エ…57.5点　　オ…64点

(2) ア…最小値　イ…第1四分位数　ウ…第2四分位数（中央値）　エ…第3四分位数　オ…最大値

(3) 15.5点

🌿🌿🌿 **入試必出！** **要点まとめ**

● 四分位数と箱ひげ図

・箱ひげ図…最小値，最大値，四分位数を，箱と線（ひげ）で表したもの。

・四分位数…データを小さい順に並べて4等分したときの3つの区切りにあたる値を小さいほうから第1四分位数，第2四分位数，第3四分位数という。第2四分位数は中央値（メジアン）である。

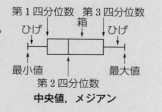

データが偶数 (2n) 個あるとき　　データが奇数 (2n+1) 個あるとき

```
┌─ n個 ─┐┌─ n個 ─┐          ┌─ n個 ─┐  ┌─ n個 ─┐
○○○○○○○○○○          ○○○○○○○○○○○
```

第1四分位数　　第3四分位数　　第1四分位数　　第3四分位数
　　　第2四分位数　　　　　　　　　第2四分位数

・四分位範囲…（第3四分位数）−（第1四分位数）

1

A組35人とB組35人の生徒が1年間に読んだ本の冊数について，**図1**は，それぞれの組の分布のようすを箱ひげ図に表したものである。また，**図2**は，B組のデータを小さい順に並べたものである。

このとき，あとの問いに答えなさい。

図1

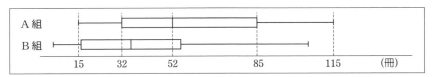

図2

| 5，7，8，9，12，13，14，16，16，18，19，19，21，22，23，25，30，35，38，41，42，43，45，50，51，52，55，58，62，63，65，70，85，90，105　(冊) |

〔1〕 A組の四分位範囲を求めなさい。

〔2〕 B組の第3四分位数を求めなさい。

〔3〕 上の2つの**図1**と**図2**から読みとれることとして，必ず正しいといえるものを次のア〜オからすべて選び，記号で答えなさい。

　ア　A組とB組を比べると，B組のほうが，四分位範囲が大きい。

　イ　A組とB組のデータの範囲は等しい。

　ウ　どちらの組にも読んだ本の冊数が55冊の生徒がいる。

　エ　A組には読んだ本の冊数が33冊以下の生徒が9人以上いる。

　オ　A組の読んだ本の冊数の平均値は52冊である。

2

3つの都市A，B，Cについて，ある年における，降水量が1mm以上であった日の月ごとの日数を調べた。このとき，次の(1)，(2)の問いに答えなさい。

〔1〕　下の表は，A市の月ごとのデータである。このデータの第1四分位数と第2四分位数(中央値)を求めなさい。また，A市の月ごとのデータの箱ひげ図をかきなさい。

四分位数 **62**%

	1月	2月	3月	4月	5月	6月	7月	8月	9月	10月	11月	12月
日数(日)	5	4	6	11	13	15	21	6	13	8	3	1

箱ひげ図 **59**%

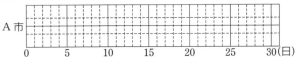

〔2〕　下の図は，B市とC市の月ごとのデータを箱ひげ図に表したものである。B市とC市を比べたとき，データの散らばりぐあいが大きいのはどちらか答えなさい。また，そのように判断できる理由を「範囲」と「四分位範囲」の用語を用いて説明しなさい。

72%

〈栃木県〉

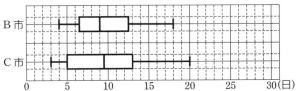

標本調査

例題

正答率

↓

絶対落とすな!!

(1)
85%

(2)
73%

(1) ある工場で生産した1000個の製品の中から50個の製品を無作為に抽出して調べたら，不良品が3個あった。
　この工場で生産した1000個の製品の中には，およそ何個の不良品がふくまれていると考えられるか求めなさい。　〈山梨県〉

(2) 箱の中に同じ大きさの白玉と黒玉が合わせて480個入っている。標本調査を利用して，箱の中の黒玉の数を調べる。この箱の中から，56個の玉を無作為に抽出したところ黒玉は35個ふくまれていた。箱の中の黒玉の数は，およそ何個と推測されるか求めなさい。

〈埼玉県〉

解き方・考え方

(1) 50個のうち，3個が不良品であった。1000個の中にも，同じ割合で不良品がふくまれていると考えて計算する。

$$3 \div 50 = \frac{3}{50} (= 6\%) \cdots 不良品の割合$$

$$1000 \times \frac{3}{50} = 60 (個)$$

(2) 56個の中に，黒玉は35個ふくまれていた。480個の中にも，同じ割合で黒玉がふくまれていると考えて計算する。

$$35 \div 56 = \frac{35}{56} = \frac{5}{8} (= 62.5\%) \cdots 黒玉の割合$$

$$480 \times \frac{5}{8} = 300 (個)$$

解答 〔1〕 およそ60個　　〔2〕 およそ300個

🍃🍃🍃 **入試必出!** **要点まとめ**

● **全数調査と標本調査**
　・全数調査…ある集団のすべてについて調べる。
　・標本調査…ある集団の一部を調べ，結果から全体のおよそのようすを推測する。
● **無作為に抽出する**
　→ある集団の中から，かたよりがないように標本を取り出すこと。

1　絶対落とすな!!　**82%**

ある工場で大量に製造される品物から，200 個を無作為に抽出し，品質検査を数回行ったところ，平均して 4 個が不良品だった。

同じ工場で，1 日に 50000 個の品物を製造したとき，不良品は，およそ何個発生すると推測されるか求めなさい。

〈宮崎県〉

　2　**63%**

鯉がたくさんいる池がある。鯉の数を調べるために，次のような[手順]を考えた。

[手順]
① 池から何匹かの鯉を捕らえ，印を付けてから池にもどす。
② 数日後，再び池から何匹かの鯉を捕らえる。捕らえた中にいる印の付いた鯉の数を数える。
③ ①と②から，池の鯉の総数を推測する。

この[手順]に基づいて調べたところ，次のような[結果]を得た。

[結果]
① 最初に 120 匹の鯉に印を付けた。
② 再び捕らえた鯉 700 匹のうち，印の付いた鯉は 42 匹であった。

この[結果]から，池の鯉の総数はおよそ何匹と考えられるか，求めなさい。

〈青森県〉

【出典の補足】

P.13　**1**〔1〕　2019 年埼玉県

P.83　**1**　　　2021 年埼玉県

正・負の数の加減・乗除

本冊 P. 9

解 答

1 (1) -7　(2) -2　(3) 9　(4) -7

2 (1) -6　(2) -6

3 (1) -32　(2) 28　(3) -0.08　(4) -3
　　(5) 5　(6) $-\dfrac{2}{3}$

解 説

1 (1) $-9+2=-(9-2)=-7$

(2) $6+(-8)=-(8-6)=-2$

(3) $4-(-5)=4+(+5)=4+5=9$

(4) $-3-4=-3+(-4)=-(3+4)=-7$

2 (1) $3+(-7)-2=-(7-3)+(-2)=-4+(-2)$
　　　$=-(4+2)=-6$

(2) $1-5-2=1+(-5)+(-2)=-(5-1)+(-2)$
　　　$=-4+(-2)=-(4+2)=-6$

3 (1) $(-4)×8=-(4×8)=-32$

(2) $(-7)×(-4)=+(7×4)=28$

(3) $0.2×(-0.4)=-(0.2×0.4)=-0.08$

(4) $-27÷9=-(27÷9)=-3$

(5) $(-30)÷(-6)=+(30÷6)=5$

(6) $\left(-\dfrac{8}{3}\right)÷4=-\left(\dfrac{8}{3}÷4\right)=-\left(\dfrac{8}{3}×\dfrac{1}{4}\right)=-\dfrac{2}{3}$

 正・負の数の四則の混じった計算と利用

本冊 P. 11

解 答

1 (1) 7　(2) -5　(3) -9　(4) $-\dfrac{1}{10}$
　　(5) 10　(6) 40　(7) 14　(8) 5

2 (1) $3℃$　(2) イ　(3) $0,\ 3,\ -2$

解 説

1 (1) $4-(2-5)=4-(-3)=4+3=7$

(2) $5-(8+2)=5-10=-5$

---

(3) $1+2×(3-8)=1+2×(-5)=1-10=-9$

(4) $-\dfrac{3}{5}×\left(\dfrac{1}{2}-\dfrac{1}{3}\right)=-\dfrac{3}{5}×\left(\dfrac{3}{6}-\dfrac{2}{6}\right)$
　　　$=-\dfrac{3}{5}×\dfrac{1}{6}=-\dfrac{1}{10}$

(5) $3-7×(6-7)=3-7×(-1)=3+7=10$

(6) $(-7)^2-3^2=49-9=40$

(7) 与式$=-(6÷3)+16=-2+16=14$

(8) 与式$=4-(-1)=4+1=5$

2 (1) $-2+5=3\,(℃)$

(2) $a<0,\ b<0$ より，$ab>0,\ a+b<0$,
　　$-(a+b)>0,\ (a-b)^2≧0$ より，イ

(3) $3-1=2,\ 1-0=1$
　　$1-(-2)=3$
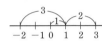

 文字式の計算

本冊 P. 13

解 答

1 (1) $3a$　(2) $\dfrac{1}{12}a$　(3) $6x-4$
　　(4) $\dfrac{5}{12}a$

2 (1) $a-12$　(2) $4a+7$　(3) $7a-1$
　　(4) $3x+1$　(5) $\dfrac{4}{9}$　(6) $\dfrac{3}{8}x$

解 説

1 (1) 与式$=(-2+5)a=3a$

(2) 与式$=\left(\dfrac{3}{4}-\dfrac{2}{3}\right)a=\left(\dfrac{9}{12}-\dfrac{8}{12}\right)a=\dfrac{1}{12}a$

(3) 与式$=2(3x-2)=6x-4$

(4) 与式$=\dfrac{3-10+12}{12}a=\dfrac{5}{12}a$

2 (1) 与式$=3a-2a-12=a-12$

(2) 与式$=6a+2-2a+5=6a-2a+2+5$
　　　$=4a+7$

(3) 与式$=4a+2+3a-3=4a+3a+2-3$
　　　$=7a-1$

(4) 与式$=4x+8-x-7=4x-x+8-7$

$$=3x+1$$

(5) 与式 $=\dfrac{3x+7}{9}-\dfrac{3(x+1)}{9}$

$$=\dfrac{3x+7-3(x+1)}{9}=\dfrac{3x+7-3x-3}{9}$$

$$=\dfrac{3x-3x+7-3}{9}=\dfrac{4}{9}$$

(6) 与式 $=\dfrac{7x-4}{8}-\dfrac{4(x-1)}{8}$

$$=\dfrac{7x-4-(4x-4)}{8}=\dfrac{7x-4-4x+4}{8}$$

$$=\dfrac{7x-4x-4+4}{8}=\dfrac{3}{8}x$$

 文字式による数量の表し方，式の値

解答　本冊 P. 15

1 (1) $80a+120b$（円）

 (2) $4a+3b>100$

 (3) 中学生 3 人と大人 2 人の入館料の合計

2 (1) -6　(2) $3a-b$（枚）　(3) イ，エ

解説

1 (1) （代金の合計）＝（80 円切手の代金）
 　　　　　　　　　＋（120 円切手の代金）

 (2) 中学生に配った枚数と小学生に配った枚数
 　の合計 $4a+3b$（枚）が 100 枚より多い。

 (3) $3a$…中学生 3 人分の入館料
 　$2b$…大人 2 人分の入館料

2 (1) $4\times(-1)^2+5\times(-2)=4\times1-10=-6$

 (2) 折り紙は，配ろうとした枚数より b 枚少ない。

 (3) それぞれ，次の式で表される。

 　ア…$\dfrac{a}{b}$ L　イ…ab g　ウ…$\dfrac{a}{b}$ 分

 　エ…ab cm^2　オ…$10a+b$

 多項式の加減，多項式と数の乗除，単項式の乗除

解答　本冊 P. 17

1 (1) $x+2y$　(2) $a-6b$　(3) $5a$

 (4) $-9a+8b$　(5) $-5x+4y+3$

 (6) $\dfrac{9a+5b}{4}$

2 (1) $-5b$　(2) $3ab$　(3) $6x^2y^2$　(4) $3a^2b$

(5) $16x^3y$　(6) $9a^3b$

解説

1 (1) 与式 $=2x+6y-x-4y$

 　　　$=2x-x+6y-4y$

 　　　$=x+2y$

 (2) 与式 $=-4a+4b+5a-10b$

 　　　$=a-6b$

 (3) 与式 $=8a-6b-3a+6b$

 　　　$=8a-3a-6b+6b$

 　　　$=5a$

 (4) 与式 $=a+6b-10a+2b$

 　　　$=a-10a+6b+2b$

 　　　$=-9a+8b$

 (5) 与式 $=x+2y-5-6x+2y+8$

 　　　$=x-6x+2y+2y-5+8$

 　　　$=-5x+4y+3$

 (6) 与式 $=\dfrac{2(5a-b)-(a-7b)}{4}$

 　　　$=\dfrac{10a-2b-a+7b}{4}$

 　　　$=\dfrac{9a+5b}{4}$

2 (1) 与式 $=-\dfrac{10ab}{2a}=-5b$

 (2) 与式 $=\dfrac{6a^2b^3}{2ab^2}=3ab$

 (3) 与式 $=8\times\dfrac{3}{4}\times xy^2\times x=6x^2y^2$

 (4) 与式 $=\dfrac{24a^3b^3}{4ab\times2b}=3a^2b$

 (5) 与式 $=\dfrac{64x^4y^2}{4xy}=16x^3y$

 (6) 与式 $=3ab^2\times(-8a^3)\times\left(-\dfrac{3}{8ab}\right)=9a^3b$

文字式による数の表し方，等式の変形

解答　本冊 P. 19

1 (1) 6　(2) 13

2 (1) $a=\dfrac{-2b+7}{3}$　(2) $a=4c-3b$

解説

1 与式を簡単にしてから，値を代入する。

(1) 与式 $=3a+3b-a-4b=2a-b$

よって，$2\times\dfrac{1}{2}-(-5)=1+5=6$

(2) 与式 $=\dfrac{2(3x-4y)-(2x-3y)}{4}$

$=\dfrac{6x-8y-2x+3y}{4}=\dfrac{4x-5y}{4}$

よって，$\dfrac{4\times3-5\times(-8)}{4}=\dfrac{12+40}{4}=13$

2 (1) $3a=-2b+7,\ a=\dfrac{-2b+7}{3}$

(2) $\dfrac{1}{4}(a+3b)=c,\ a+3b=4c,\ a=4c-3b$

 ## 式の展開

本冊
P. 21

解答

1 (1) $3x^2$ **(2)** $3x^2-2$ **(3)** $4y-1$
  (4) $3a-2b$
2 (1) x^2-16y^2 **(2)** x^2-x-56
  (3) $4x^2-20xy+25y^2$ **(4)** $4x^2+4x+1$
3 (1) x^2-35y^2 **(2)** $11x-53$
  (3) $2x^2-7x+1$ **(4)** $-7x+15$

解説

1 (1) 与式 $=3x^2-2x+2x=3x^2$

(2) 与式 $=3x^2+6x-12-6x+10$
  $=3x^2+6x-6x-12+10$
  $=3x^2-2$

(3) 与式 $=\dfrac{12xy-3x}{3x}=\dfrac{12xy}{3x}-\dfrac{3x}{3x}=4y-1$

(4) 与式 $=\dfrac{9a^2b-6ab^2}{3ab}=\dfrac{9a^2b}{3ab}-\dfrac{6ab^2}{3ab}=3a-2b$

2 (1) 与式 $=x^2-(4y)^2=x^2-16y^2$

(2) 与式 $=x^2+(-8+7)x+(-8)\times7$
  $=x^2-x-56$

(3) 与式 $=(2x)^2-2\times2x\times5y+(5y)^2$
  $=4x^2-20xy+25y^2$

(4) 与式 $=(2x)^2+2\times2x\times1+1^2=4x^2+4x+1$

3 (1) 与式 $=x^2-(6y)^2+y^2=x^2-36y^2+y^2$
  $=x^2-35y^2$

(2) 与式 $=x^2-3x-4-(x^2-14x+49)$
  $=x^2-3x-4-x^2+14x-49$
  $=x^2-x^2-3x+14x-4-49$

$=11x-53$

(3) 与式 $=x^2-7x+10+x^2-9$
  $=x^2+x^2-7x+10-9=2x^2-7x+1$

(4) 与式 $=x^2-6x+9-(x^2+x-6)$
  $=x^2-6x+9-x^2-x+6$
  $=x^2-x^2-6x-x+9+6=-7x+15$

 ## 因数分解

本冊
P. 23

解答

1 (1) $(x+5)^2$ **(2)** $(x+2)(x+4)$
  (3) $(x+4)(x-5)$ **(4)** $(3x+7y)(3x-7y)$
  (5) $(x+1)(x-7)$ **(6)** $2(x+6)(x-1)$
2 (1) $2^2\times3\times7$ **(2)** $n=5$
3 (1) 400 **(2)** 4015

解説

1 (1) 与式 $=x^2+2\times5\times x+5^2=(x+5)^2$

(2) 与式 $=x^2+(2+4)x+2\times4$
  $=(x+2)(x+4)$

(3) 与式 $=x^2+\{4+(-5)\}x+4\times(-5)$
  $=(x+4)(x-5)$

(4) 与式 $=(3x)^2-(7y)^2=(3x+7y)(3x-7y)$

(5) 与式 $=x^2-6x+5-12=x^2-6x-7$
  $=(x+1)(x-7)$

(6) まず共通因数をくくり出す。
  与式 $=2(x^2+5x-6)=2(x+6)(x-1)$

2 (1) $84=2\times2\times3\times7=2^2\times3\times7$

(2) $45\times n=3^2\times5\times n$
  これがある自然数の平方になるための最小
  の自然数 n は，$n=5$

3 与式を因数分解してから値を代入する。

(1) 与式 $=(x-2)^2$ これに $x=22$ を代入して，
  $(22-2)^2=20^2=400$

(2) 与式 $=(x+y)(x-y)$
  これに $x=2008,\ y=2007$ を代入して，
  $(2008+2007)\times(2008-2007)$
  $=4015\times1=4015$

平方根の性質

本冊 P. 25

解答

1 イ

2 (1) $\dfrac{\sqrt{3}}{3}$　(2) 6個

3 (1) $n=6$　(2) 0.58

解説

1 正の数の平方根は ＋ と － の 2 つある。

$8^2=64$, $(-8)^2=64$ より，P は ±8

$\sqrt{(-3)^2}=\sqrt{9}=3$ より，Q は 3

2 (1) それぞれを 2 乗すると，$\left(\dfrac{2}{3}\right)^2=\dfrac{4}{9}=\dfrac{8}{18}$,

$\left(\dfrac{\sqrt{3}}{3}\right)^2=\dfrac{3}{9}=\dfrac{6}{18}$, $\left(\dfrac{\sqrt{2}}{2}\right)^2=\dfrac{2}{4}=\dfrac{1}{2}=\dfrac{9}{18}$

(2) 各辺を 2 乗すると，$9<n<16$ より，n は 10 から 15 までの自然数だから，6 個。

3 (1) $\sqrt{96n}=4\sqrt{6n}$ より，$6n$ が自然数の 2 乗となればよいから，最小の自然数 n は，$n=6$

(2) $\dfrac{1}{\sqrt{3}}=\dfrac{\sqrt{3}}{3}=\dfrac{1.732}{3}=0.57\overset{8}{7}\cdots$

平方根の計算

本冊 P. 27

解答

1 (1) $3\sqrt{5}$　(2) $\sqrt{2}$

2 (1) $3\sqrt{3}$　(2) 5　(3) $3\sqrt{3}$　(4) $\sqrt{3}$

3 (1) $5-\sqrt{5}$　(2) $\sqrt{6}$　(3) $3\sqrt{2}$　(4) 22

4 (1) $3-\sqrt{2}$　(2) $2\sqrt{10}$　(3) $21+8\sqrt{5}$

(4) $1-\sqrt{10}$

解説

1 (1) 与式 $=5\sqrt{5}-\sqrt{4\times5}=5\sqrt{5}-2\sqrt{5}=3\sqrt{5}$

(2) 与式 $=-2\sqrt{2}+\sqrt{9\times2}=-2\sqrt{2}+3\sqrt{2}$
$=\sqrt{2}$

2 (1) 与式 $=\sqrt{16\times3}-\sqrt{4\times3}+\sqrt{3}$
$=4\sqrt{3}-2\sqrt{3}+\sqrt{3}=(4-2+1)\sqrt{3}$
$=3\sqrt{3}$

(2) 与式 $=\dfrac{\sqrt{50}}{\sqrt{2}}=\sqrt{\dfrac{50}{2}}=\sqrt{25}=5$

(3) 与式 $=\sqrt{6\times8}-\sqrt{\dfrac{15}{5}}=\sqrt{48}-\sqrt{3}$
$=4\sqrt{3}-\sqrt{3}=3\sqrt{3}$

(4) 与式 $=3\sqrt{3}-\dfrac{\sqrt{2}\times\sqrt{18}}{\sqrt{3}}=3\sqrt{3}-\sqrt{2}\times\sqrt{6}$
$=3\sqrt{3}-\sqrt{12}=3\sqrt{3}-2\sqrt{3}=\sqrt{3}$

3 (1) 与式 $=(\sqrt{5})^2-\sqrt{5}\times3+2\sqrt{5}$
$=5-3\sqrt{5}+2\sqrt{5}=5-\sqrt{5}$

(2) 与式 $=\sqrt{2}\times(3\sqrt{3}-2\sqrt{3})=\sqrt{2}\times\sqrt{3}=\sqrt{6}$

(3) 与式 $=\sqrt{6}\times\sqrt{2}+\sqrt{6}\times\sqrt{3}-2\sqrt{3}$
$=\sqrt{12}+\sqrt{18}-2\sqrt{3}$
$=2\sqrt{3}+3\sqrt{2}-2\sqrt{3}=3\sqrt{2}$

(4) 与式 $=7-5\times(-3)=7+15=22$

4 (1) 与式 $=\sqrt{3}\times\sqrt{6}+(\sqrt{3})^2-\dfrac{8\times\sqrt{2}}{\sqrt{2}\times\sqrt{2}}$
$=\sqrt{18}+3-\dfrac{8\sqrt{2}}{2}=3\sqrt{2}+3-4\sqrt{2}$
$=3-\sqrt{2}$

(2) 与式 $=\dfrac{9\sqrt{10}}{5}+\sqrt{\dfrac{10}{25}}=\dfrac{9\sqrt{10}}{5}+\dfrac{\sqrt{10}}{5}$
$=\dfrac{10\sqrt{10}}{5}=2\sqrt{10}$

(3) 与式 $=(\sqrt{5})^2+2\times\sqrt{5}\times4+4^2$
$=5+8\sqrt{5}+16$
$=21+8\sqrt{5}$

(4) 与式 $=\sqrt{2}\times\sqrt{5}-\sqrt{2}\times2\sqrt{2}$
$+(\sqrt{5})^2-\sqrt{5}\times2\sqrt{2}$
$=\sqrt{10}-2\times(\sqrt{2})^2+5-2\sqrt{10}$
$=-2\times2+5-\sqrt{10}$
$=1-\sqrt{10}$

文字式の利用

本冊 P. 29

解答

1 (1) ア…3

(2) イ…$n+1$　ウ…$n+6$　エ…$n+7$
オ…$(n+6)(n+1)-n(n+7)$
$=n^2+7n+6-(n^2+7n)$
$=n^2+7n+6-n^2-7n$
$=6$

❶ (1) 真ん中の数を a とおくと，
　　　左隣の数は，$a-6$，右隣の数は，$a+6$
　　　これらの数の和は，$a-6+a+a+6=3a$
　　　となり，真ん中の数の3倍になる。

1次方程式の解き方

本冊 P. 31

解 答

❶ (1) $x=2$　(2) $x=2$
❷ (1) $x=-4$　(2) $x=10$
❸ (1) $x=-4$　(2) $x=4$
❹ 記号…イ　$x+6x=-14\times3$
　　　　　　　$7x=-42$
　　　　　　　$x=-6$

解 説

❶ (1) $4x-10=-5x+8$ ── x の項を左辺に，定
　　　$4x+5x=8+10$ ◀── 数項を右辺に集める。
　　　　$9x=18$ ◀── 両辺を整理する。
　　　　$x=2$ ┛── 両辺を x の係数でわる。

　(2) $4x+7=8x-1$
　　　$4x-8x=-1-7$
　　　　$-4x=-8$
　　　　　$x=2$

❷ (1) $7x-(11x+2)=14$
　　　$7x-11x-2=14$
　　　$7x-11x=14+2$
　　　　$-4x=16,\ x=-4$

　(2) 比例式の性質より $x\times3=6\times5$　$x=10$

❸ (1) 両辺に 12 をかけて，
　　　$3x-4(2x-7)=48$
　　　$3x-8x+28=48$
　　　　　$-5x=20$
　　　　　　$x=-4$

　(2) 両辺に 100 をかけて，
　　　$75x-100=50x$
　　　$75x-50x=100$
　　　　$25x=100,\ x=4$

❹ アでは，正しく移項している。

イでは，分母をはらうとき，-14 に 3 をかける
のを忘れている。

1次方程式の利用

本冊 P. 33

解 答

❶ (1) 6　(2) $a=2$　(3) ア…$b=\dfrac{17}{5}a$
　　イ…583 トン（式は解説参照）

解 説

❶ (1) ある数を x とおくと，$5x-44=-14$
　　　$5x=-14+44=30,\ x=6$

　(2) 与式を簡単にしてから，x の値を代入する。
　　　$x+5a-2a+4x=4,\ 5x+3a=4,$
　　　$3a=4-5x$ だから，
　　　$3a=4-5\times\left(-\dfrac{2}{5}\right)=4+2=6$
　　　よって，$a=2$

　(3) ア　比の式で，
　　　（外側の2項の積）＝（内側の2項の積）より，
　　　$a\times17=b\times5,\ b=\dfrac{17}{5}a$

　　　イ　平成8年の出荷量を x トンとすると，
　　　平成16年の出荷量は，$11x$ トン
　　　平成12年の出荷量を2通りに表すと，
　　　$(4x+10)$ トン，$(11x-361)$ トン
　　　これらは等しいから，
　　　$4x+10=11x-361,\ 4x-11x=-361-10$
　　　$-7x=-371,\ x=53$
　　　平成16年の出荷量は，$53\times11=583$（トン）

連立方程式の解き方

本冊 P. 35

解 答

❶ (1) $x=4,\ y=-6$　(2) $x=2,\ y=-1$
　(3) $x=8,\ y=2$　(4) $x=2,\ y=3$
❷ (1) $x=2,\ y=-1$　(2) $x=2,\ y=1$
　(3) $x=2,\ y=-5$　(4) $x=-5,\ y=4$

解 説

上式を①，下式を②とする。

1 (1) ①＋② より，$5x＝20$, $x＝4$ ……③
　　③を②に代入して，$12＋y＝6$, $y＝-6$

(2) ①－② より，$5y＝-5$, $y＝-1$ ……③
　　③を②に代入して，$x＋2＝4$, $x＝2$

(3) ①に $x＝3y＋2$ を代入して，
　　$2(3y＋2)-5y＝6$, $6y＋4-5y＝6$
　　$y＝2$ ……③　③を②に代入して，$x＝8$

(4) ②を①に代入して，$x＋3(2x-1)＝11$
　　$x＋6x-3＝11$, $7x＝14$, $x＝2$ ……③
　　③を②に代入して，$y＝2×2-1＝3$

2 (1) ①×2　　$8x＋2y＝14$
　　②　　$-)3x＋2y＝4$
　　　　　　$5x＝10$, $x＝2$ ……③
　　③を①に代入して，$8＋y＝7$, $y＝-1$

(2) ①×2　　$4x-6y＝2$
　　②×3　$+)9x＋6y＝24$
　　　　　　$13x＝26$, $x＝2$ ……③
　　③を②に代入して，$6＋2y＝8$, $y＝1$

(3) ①×10　　$5x-14y＝80$
　　②×5　$+)-5x＋10y＝-60$
　　　　　　$-4y＝20$, 　$y＝-5$ ……③
　　③を②に代入して，$-x-10＝-12$, $x＝2$

(4) 与式を2式に分けて，$\begin{cases} x-y＋1＝-2y \\ 3x＋7＝-2y \end{cases}$

　　より，$\begin{cases} x＋y＝-1 ……③ \\ 3x＋2y＝-7 ……④ \end{cases}$

　　③×3－④より，$y＝4$
　　これを③に代入して，
　　$x＋4＝-1$, $x＝-5$

連立方程式の利用

本冊 P. 37

解答

1 (1) 分速90 m
　　(2) ア $160a＋60b$　イ 6　ウ 29
2 (1) 9個入った箱…12箱，
　　　　12個入った箱…11箱
　　(2) 男子…180人，女子…120人

解説

1 (1) Bさんは2700 mを30分で走ったから，分
　　速は，$2700÷30＝90$ より，分速90 m
　　(2) 時間の関係から，$a＋b＝35$ ……①

道のりの関係から，$160a＋60b＝2700$ ……②
②を整理して，$8a＋3b＝135$ ……③
③－①×3 より，$5a＝30$, $a＝6$
$a＝6$ を①に代入して，$b＝29$

2 (1) りんごが9個入った箱がx箱，12個入った
　　箱がy箱あるとする。
　　箱の数の関係から，$x＋y＝23$ ……①
　　りんごの個数の関係から，$9x＋12y＝240$
　　両辺を3でわって，$3x＋4y＝80$ ……②
　　①と②より，

　　①×3　　$3x＋3y＝69$
　　②　　$-)3x＋4y＝80$
　　　　　　$-y＝-11$, $y＝11$ ……③

　　③を①に代入して，$x＋11＝23$, $x＝12$

(2) 生徒の人数から，$x＋y＝300$ ……①
　　自転車通学の人数から，$\dfrac{30}{100}x＋\dfrac{20}{100}y＝78$
　　両辺に10をかけて，$3x＋2y＝780$ ……②
　　①と②より，

　　①×2　　$2x＋2y＝600$
　　②　　$-)3x＋2y＝780$
　　　　　　$-x＝-180$, $x＝180$ ……③

　　③を①に代入して，$180＋y＝300$, $y＝120$

2次方程式の解き方

本冊 P. 39

解答

1 (1) $x＝3$, 7　(2) $x＝-4$, 6
2 (1) $x＝3±\sqrt{5}$　(2) $x＝0$, 9
3 (1) $x＝-3$, 4　(2) $x＝-4$, 3
4 (1) $x＝\dfrac{5±\sqrt{13}}{2}$　(2) $x＝\dfrac{-9±\sqrt{17}}{4}$

解説

1 左辺を因数分解して解く。
　　$A×B＝0 \longrightarrow A＝0$ または $B＝0$
(1) $x^2-10x＋21＝0$, $(x-3)(x-7)＝0$
　　よって，$x-3＝0$ または $x-7＝0$ より，
　　$x＝3$, 7
(2) $x^2-2x-24＝0$, $(x＋4)(x-6)＝0$
　　よって，$x＋4＝0$ または $x-6＝0$ より，
　　$x＝-4$, 6

2 (1) $x^2＝a \longrightarrow x＝±\sqrt{a}$ を利用して解く。

$(x-3)^2=5$, $x-3=\pm\sqrt{5}$, $x=3\pm\sqrt{5}$

(2) $x^2-9x=0$, $x(x-9)=0$, $x=0$, 9

3 式を展開，整理し，2次式＝0 の形にしてから解く。

(1) $x(x+2)=3(x+4)$

展開して，$x^2+2x=3x+12$

整理して，$x^2-x-12=0$

左辺を因数分解して，$(x+3)(x-4)=0$

これを解いて，$x=-3$, 4

(2) $3(x+2)(x-2)=2x^2-x$,

$3(x^2-4)-2x^2+x=0$,

$3x^2-12-2x^2+x=0$, $x^2+x-12=0$

$(x+4)(x-3)=0$, $x=-4$, 3

4 $ax^2+bx+c=0$ の形に整理し，解の公式を利用する。

(1) $x^2-2x=3(x-1)$

$x^2-2x=3x-3$

$x^2-5x+3=0$

ここで公式にあてはめて，

$x=\dfrac{-(-5)\pm\sqrt{(-5)^2-4\times1\times3}}{2\times1}$

$=\dfrac{5\pm\sqrt{25-12}}{2}=\dfrac{5\pm\sqrt{13}}{2}$

(2) $2x^2+9x+8=0$

$x=\dfrac{-9\pm\sqrt{9^2-4\times2\times8}}{2\times2}$

$=\dfrac{-9\pm\sqrt{81-64}}{4}=\dfrac{-9\pm\sqrt{17}}{4}$

2次方程式の利用

本冊 P. 41

解答

1 (1) $a=3$，他の解…$x=-5$ (2) $x=3$

2 (1) $87\,\mathrm{cm^2}$ (2) 7個

解説

1 (1) 方程式に $x=2$ を代入して，a について解く。

$2^2+a\times2-10=0$, $2a=10-4=6$, $a=3$

よって，方程式は $x^2+3x-10=0$

だから，$(x+5)(x-2)=0$, $x=-5$, 2

他の解は，-5

(2) 正しい計算は，$(x+4)^2$

誤った計算は，$4(x+2)$

よって，$(x+4)^2-29=4(x+2)$

$x^2+8x+16-29=4x+8$

$x^2+8x-4x+16-29-8=0$

$x^2+4x-21=0$, $(x+7)(x-3)=0$

x は正の数だから，$x=3$

2 n 個の小石を置くと，縦，横ともに n 列が黒くぬりつぶされ，それらが交わるます目は，n^2 個できる。1つのます目の面積は，$1\,\mathrm{cm^2}$ である。

(1) $(1\times16\times3)\times2-1\times3^2=87\,\mathrm{(cm^2)}$

(2) $(1\times16\times n)\times2-1\times n^2=175$ より，

$n^2-32n+175=0$, $(n-25)(n-7)=0$

n は，$1\leqq n\leqq16$ の整数だから，$n=7$

比例・反比例

本冊 P. 43

解答

1 (1) $p=4$ (2) ウ (3) $-20\leqq y\leqq4$

2 (1) ④ (2) $y=-\dfrac{1}{2}x$

解説

1 (1) y は x に反比例するから，$y=\dfrac{a}{x}$ とおける。

$x=1$, $y=12$ を代入すると，$12=\dfrac{a}{1}$, $a=12$

よって，$y=\dfrac{12}{x}$ に $x=3$, $y=p$ を代入して，$p=\dfrac{12}{3}=4$

[別解1]反比例の関係では，x が3倍になると y は $\dfrac{1}{3}$ になるから，$p=12\times\dfrac{1}{3}=4$

[別解2]反比例の関係では，比例定数 $a=xy$ より，$a=1\times12=12$, $3\times p=12$, $p=4$

(2) x, y の関係の式は，次のようになる。

ア…$y=150x$

イ…$2(x+y)=30\longrightarrow y=-x+15$

ウ…$20=\dfrac{1}{2}xy\longrightarrow xy=40$, $y=\dfrac{40}{x}$

エ…$y=30-2x$

(3) x と y の関係は，$y=-4x$ だから，

$x=-1$ のとき，$y=-4\times(-1)=4$

$x=5$ のとき，$y=-4\times5=-20$

よって，$-20\leqq y\leqq4$

2 (1) ①と②のグラフは，$a<0$，$x=1$ のときの y 座標は，$y=a$ で，（③の a の値）$<1<$（④の a の値）

(2) グラフは比例のグラフより，$y=ax$ とおける。$x=4$，$y=-2$ を代入して，$-2=4a$，$a=-\dfrac{1}{2}$

[別解] 右の図より，x が 4 増えると y は 2 減るから，傾きは $\dfrac{-2}{4}=-\dfrac{1}{2}$ とわかる。

1 次関数の基本

本冊 P. 45

解答

1 (1) $y=2x-3$
(2) ① $y=8$ ② $-6\leqq x\leqq12$
2 (1) $y=2x+1$ (2) $a=8$

解説

1 (1) （変化の割合）$=2$ より，1 次関数の式は，$y=2x+b$ とおける。$x=1$，$y=-1$ を代入して，$-1=2\times1+b$，$b=-3$
よって，1 次関数の式は，$y=2x-3$

(2) ① $y=-\dfrac{2}{3}x+6$ に $x=-3$ を代入して，
$y=-\dfrac{2}{3}\times(-3)+6=2+6=8$

② $y=-2$ のとき，$-2=-\dfrac{2}{3}x+6$

$-6=-2x+18$，$2x=18+6$，$x=12$

$y=10$ のとき，$10=-\dfrac{2}{3}x+6$

$30=-2x+18$，$2x=18-30$，$x=-6$
よって，$-6\leqq x\leqq12$

2 (1) 直線の傾きは $\dfrac{3-1}{1-0}=2$，切片は 1 より，
$y=2x+1$

(2) 点 A は直線 $y=3x-2$ 上の点だから，x 座標は，式に $y=4$ を代入して，$4=3x-2$，$3x=6$，$x=2$ よって，点 A の座標は，$(2,\ 4)$

また，点 A は $y=\dfrac{a}{x}$ 上の点でもあるから，$x=2$，$y=4$ を代入して，$4=\dfrac{a}{2}$，$a=8$

1 次関数の利用

本冊 P. 47

解答

1 (1) $y=3$ (2) 下の左の図
2 (1) $y=\dfrac{1}{15}x+8$ (2) 下の右の図
(3) 8 cm

1(2)
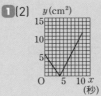

2(2)
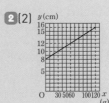

解説

1 $AB=4$ cm，$AB+BC=10$ (cm)より，点 P は 4 秒後に頂点 B に，10 秒後に頂点 C にある。

(1) $x=2$ のとき，点 P は辺 AB 上にある。$PB=4-2=2$ (cm)
$y=\dfrac{1}{2}\times PB\times AE=\dfrac{1}{2}\times2\times3=3$

(2) $0\leqq x\leqq4$ のとき，$PB=4-x$ (cm) より，
$y=\dfrac{1}{2}\times PB\times AE=\dfrac{1}{2}\times(4-x)\times3$

$=-\dfrac{3}{2}x+6$

$x=0$ のとき $y=6$，$x=4$ のとき $y=0$ より，グラフは 2 点 $(0,\ 6)$，$(4,\ 0)$ を通る。
$4\leqq x\leqq10$ のとき，$PB=x-4$ (cm) より，
$y=\dfrac{1}{2}\times PB\times AB=\dfrac{1}{2}\times(x-4)\times4$

$=2x-8$

$x=4$ のとき $y=0$，$x=10$ のとき $y=12$ より，グラフは 2 点 $(4,\ 0)$，$(10,\ 12)$ を通る。

2 ばねののびは，おもりの重さに比例する。
(1) 求める式を $y=ax+b$ とおく。
表より，x が 30 増えると y は 2 増えるから，

$a = \dfrac{2}{30} = \dfrac{1}{15}$ より，$y = \dfrac{1}{15}x + b$ に $x = 30$，

$y = 10$ を代入して，$10 = \dfrac{30}{15} + b$，$b = 8$

したがって，求める式は，$y = \dfrac{1}{15}x + 8$

[2] 2点 $(30,\ 10)$，$(60,\ 12)$ を通る直線を，

    $0 \leqq x \leqq 120$ の範囲でかく。

[3] $x = 0$ のときの y だから，$y = 8$

1次関数のグラフの利用

本冊 P. 49

解答

① ア…400，イ…80

② [1] 毎分 90 m

    [2] ㋐ 下の図

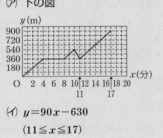

    ㋑ $y = 90x - 630$

        $(11 \leqq x \leqq 17)$

解説

① ア…グラフの 8 分のときの距離を読みとる。

    イ…12時 3 分から12時 8 分までの 5 分間で 400 m

    進んでいるから，1 分間に $\dfrac{400}{5} = 80$ (m) 進む。

② [1] 4 分間で 360 m 進んでいるから，

      $\dfrac{360}{4} = 90$ (m)

    [2] ㋐家を出てから 8 分後に店を出て，10 分後

      に忘れ物に気づいた。2 分間で，

      $90 \times 2 = 180$ (m) 進むから，このとき，

      家から $(360 + 180 =)540$ m の地点にいる。

      ここから，毎分 180 m の速さで店にもど

      るから，1 分で店に着く。

      店から純子さんの家までは，

      $(900 - 360 =)540$ m あるから，

      $540 \div 90 = 6$ (分) かかる。よって，8 分

      $+ 2$ 分$+ 1$ 分$+ 6$ 分$= 17$分　→家を出て

      から17分後に純子さんの家に着く。

      よって，点 $(17,\ 900)$ を通る。

㋑毎分 90 m 進むから，グラフの傾きは 90

    よって，$y = 90x + b$ に $x = 11$，$y = 360$

    を代入して，$360 = 90 \times 11 + b$，

    $b = 360 - 990 = -630$

    よって，$y = 90x - 630$　$(11 \leqq x \leqq 17)$

関数 $y = ax^2$

本冊 P. 51

解答

① [1] エ　[2] $y = -8$

② [1] $a = 2$　[2] ① $y = -4x^2$　② $a = 2$

解説

① [1] グラフはそれぞれ，下のようになる。

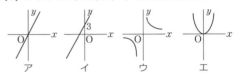

    エで，$y = 2 \times x^2 \geqq 0$ である。

    [2] y は x の 2 乗に比例するから，$y = ax^2$ と

    おける。$x = 3$，$y = -18$ を代入すると，

    $-18 = a \times 3^2$，$a = -2$

    よって，$y = -2x^2$ に $x = 2$ を代入して，

    $y = -2 \times 2^2 = -8$

② [1] $AB = 6$ より，B の x 座標は 3，y 座標は

    18 だから，$18 = a \times 3^2$，$a = 2$

    [2] ① x 軸について対称なグラフは，同じ x

      の値に対する y の値の符号だけが変わ

      るから，式は，$y = -4x^2$

      ② $x = -2$ のとき，$y = 4a$，$x = 3$ のとき，

      $x = 9a$，$a > 0$ より，$4a < 9a$　よって，

      $9a = 18$ であるから，$a = 2$

$y=ax^2$ の変化の割合，変域

解答

本冊
P. 53

1 〔1〕 8　〔2〕 $a=-1$

2 〔1〕 $-4\leqq y\leqq0$

〔2〕 $a=2$　グラフは右の図

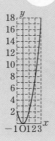

解説

1 〔1〕 $x=1$ のとき，$y=2\times1^2=2$，$x=3$ のとき，
$y=2\times3^2=18$ より，

$$（変化の割合）=\frac{（yの増加量）}{（xの増加量）}=\frac{18-2}{3-1}=\frac{16}{2}$$
$$=8$$

〔2〕 $x=1$ のとき $y=a$，$x=3$ のとき $y=9a$
よって，$\frac{9a-a}{3-1}=4a=-4$ より，$a=-1$

2 〔1〕 y は $x=0$ のとき最大値 0 をとる。
$x=-2$ のとき $y=-4$，$x=1$ のとき
$y=-1$　よって，$-4\leqq y\leqq0$

〔2〕 $y\geqq0$ より，$a>0$ である。
$x=-1$ のとき，$y=a$，$x=3$ のとき，
$y=9a$，$a<9a$ だから，y の最大値は $9a$ より，
$9a=18$，$a=2$
グラフは，点 $(-1,\ 2)$，$(0,\ 0)$，$(1,\ 2)$，
$(2,\ 8)$，$(3,\ 18)$ を通るから，これらの点を
ゆるやかな曲線でつなぐ。

放物線と直線

解答

本冊
P. 55

1 〔1〕 $a=\frac{5}{4}$　〔2〕 -9

2 $\frac{33}{10}$

解説

1 〔1〕 点 A の座標は $(-2,\ 5)$ で，グラフ①上に
あるから，$5=a\times(-2)^2$，$a=\frac{5}{4}$

〔2〕 放物線の式は，$y=3x^2$
$x=-2$ のとき，$y=3\times(-2)^2=12$
$x=-1$ のとき，$y=3\times(-1)^2=3$
よって，（変化の割合）$=\frac{3-12}{-1-(-2)}=-9$

2 点 A は放物線 $y=x^2$ 上にあり，x 座標は 2 より，
点 A の座標は $(2,\ 4)$，点 B は放物線 $y=\frac{1}{4}x^2$
上にあり，x 座標は -3 より，B の座標は
$\left(-3,\ \frac{9}{4}\right)$
直線 ℓ は 2 点 A，B を通るから，傾きは
$\left(4-\frac{9}{4}\right)\div\{2-(-3)\}=\frac{7}{20}$ であるから，直線の
式を $y=\frac{7}{20}x+b$ とおいて，点 A の x 座標，y
座標の値を代入すると，
$4=\frac{7}{20}\times2+b$，$b=\frac{33}{10}$
点 C は直線 ℓ の切片だから，点 C の y 座標は，
$\frac{33}{10}$

 ## $y=ax^2$ の利用

解答

本冊
P. 57

1 〔1〕 $a=\frac{1}{4}$

〔2〕 ア…1，イ…4

〔3〕 右の図

2 〔1〕 2　〔2〕 32

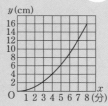

解説

1 〔1〕 $y=9$ のとき，$x=6$ より，$9=a\times6^2$
$a=\frac{9}{36}=\frac{1}{4}$

〔2〕 ア…$y=\frac{1}{4}x^2$ に $x=2$ を代入して，$y=1$

イ…$y=\frac{1}{4}x^2$ に $x=4$ を代入して，$y=4$

〔3〕 グラフは，点 $(0,\ 0)$，$(2,\ 1)$，$(4,\ 4)$，
$(6,\ 9)$，$(8,\ 16)$ をなめらかな曲線でむすぶ。

2 〔1〕 $y=\frac{1}{2}x^2$ に $x=-2$ を代入して，

$$y = \frac{1}{2} \times (-2)^2 = 2$$

(2) BC＝2－(－2)＝4 より，AD＝8

また，点 A と点 D は y 軸において対称な点である。

よって，点 D の x 座標は 4 だから，y 座標は，

$$y = \frac{1}{2} \times 4^2 = 8 \quad \triangle AOD = \frac{1}{2} \times 8 \times 8 = 32$$

 立体の展開図と位置関係

本 冊 P. 59

解答

1 (1) 平行…オ，ねじれの位置…エ
　(2) イ，エ，オ
2 (1) ② (2) 右の図

解説

1 (1) 底面 BCGF は長方形で，BC∥FG である。ねじれの位置にある 2 直線は，同一平面上にない。よって，辺 AE，EF，HG，EH，DH が辺 BC とねじれの位置にある。

　(2) ねじれの位置にある辺は，辺 AB と交わらず，平行でもない辺である。
　アは辺 AB と交わり，ウは辺 AB と平行であるから，アとウはねじれの位置にない。

2 (1) 展開図の頂点に，図 1 のように記号をつけると，見取り図は図 2 のようになる。よって，一番長いのは，立方体の対角線の線分 BP である。

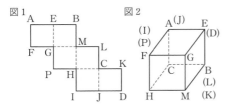

図1　図2

(2) (1)の展開図と見取り図で考えるとよい。次の図の ⌢ で結んだところがつながっている。

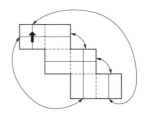

太い矢印の書かれた面と向かい合った面だけが十字の実線となる。

 回転体，体積と表面積

本 冊 P. 61

解答

1 6 cm **2** 216 度 **3** 75π cm³

解説

1 高さを h cm とすると，

$$\frac{1}{3}\pi \times 3^2 \times h = 18\pi, \quad 3h = 18, \quad h = 6$$

2 側面のおうぎ形の弧の長さと，底面の円周の長さは等しいから，おうぎ形の中心角を $a°$ とすると，

$$2\pi \times 10 \times \frac{a}{360} = 2\pi \times 6, \quad \frac{a}{360} = \frac{3}{5}, \quad a = 216$$

3 底面の半径 5 cm，高さ 6 cm の円錐と，底面の半径 5 cm，高さ (9－6＝)3 cm の円錐が合わさった形になるから，体積は，

$$\frac{1}{3}\pi \times 5^2 \times 6 + \frac{1}{3}\pi \times 5^2 \times 3 = 75\pi \text{ (cm}^3)$$

投影図・球

本 冊 P. 63

解答

1 ア **2** 36π cm³ **3** エ

解説

1 平面図から，底面は長方形であること，立面図から，錐体であることがわかる。

2 球の半径は 3 cm だから，これを公式にあてはめて，$\frac{4}{3}\pi \times 3^3 = 36\pi$ (cm³)

3 円錐の立面図は二等辺三角形，円錐の底面は円より，平面図は円である。

平行線と角

本冊 P. 65

解答

1 35度　**2** 47度　**3** 58度

解説

1 平行線の同位角，対頂角は等しいから，三角形の内角と外角の関係より，∠x＋40°＝75°，∠x＝35°（図1）

2 ∠x＋35°＝82°，∠x＝47°（図2）

3 平行線を2本ひいて，錯角を利用する。
40°－15°＝25°，∠x＝33°＋25°＝58°（図3）

多角形の角

本冊 P. 67

解答

1 33度　**2** 75度　**3** 85度

解説

1 図のように2つの三角形に分け，内角と外角の関係を用いると，
40°＋55°＋∠x＝128°
∠x＝128°－95°＝33°

2 180°－45°＝135°　四角形の内角の和より，
∠x＋135°＋60°＋90°＝360°，∠x＝75°

3 180°－80°＝100°，180°－60°＝120°
∠x＋100°＋120°＋55°＝360°，∠x＝85°

平面図形の性質の利用

本冊 P. 69

解答

1 140度　**2** ウ　**3** 76度

解説

1 四角形 ABCD は平行四辺形だから，AD∥BC
よって，∠AEB＝∠EBC＝20°（錯角）
△ABE は二等辺三角形より，
∠ABE＝∠AEB＝20°
∠BAE＝180°－20°×2＝140°
平行四辺形の対角は等しいから，∠BCD＝140°

2 アは4つの辺が等しくなる。イは対角線が垂直に交わる。エは ∠ABD＝∠ADB となり，
AB＝AD
よって，ア，イ，エはひし形の条件である。

3 AD∥BC より，∠AEB＝∠EBC＝52°（錯角）
AB＝AE（円の半径）より，
∠ABE＝∠AEB＝52°
∠DCB＝∠BAE＝180°－52°×2＝76°

平行線と線分の比

本冊 P. 71

解答

1 $x＝\dfrac{8}{5}$　**2** 9 cm　**3** 2：3

解説

1 x：4＝2：5 より，5x＝8，$x＝\dfrac{8}{5}$

2 6：(6＋4)＝DE：15，10×DE＝90，DE＝9 cm

3 四角形 AGDH は平行四辺形だから，AG∥HD
また，FE∥BC より，四角形 ABDE も平行四辺形で，AE＝BD
以上のことより，
GI：IE＝AG：HE　（AG∥EH だから）
　　　＝HD：HE　（AG＝HD だから）
　　　＝DC：EA　（DC∥EA だから）
　　　＝DC：BD　（AE＝BD だから）
　　　＝2：3　　（BD：DC＝3：2 だから）
［別解］四角形 AGDH は平行四辺形だから，
FD∥AC，AB∥ED より，四角形 ABDE と FDCA も平行四辺形で，AE＝BD，FA＝DC
よって，FA：AE＝DC：BD＝2：3
△EFG において，FG∥AI なので，
GI：IE＝FA：AE＝2：3

円周角と三角形の角の利用

本冊
P. 73

解答

1 25 度　**2** 20 度　**3** 96

解説

1 直線 ℓ は円 O の接線だから，∠CAD＝90°
△ACD の内角の和より，
∠ADC＝180°－(90°＋65°)＝25°

2 AB は円 O の直径だから，∠ADB＝90°
△ADB の内角の和より，
∠DAB＝180°－(90°＋70°)＝20°
$\overset{\frown}{BD}$ に対する円周角より，∠x＝20°

3 ∠CBD＝∠CAD＝50°　BC＝BA より，
∠BCA＝∠BAC＝{180°－(50°＋62°)}÷2
　　　＝34°
$\overset{\frown}{AB}$ に対する円周角より，∠ADE＝34°
△AED の内角の和から，
∠AED＝180°－(50°＋34°)＝96°

円周角と中心角

本冊
P. 75

解答

1 あ…6　い…5　**2** 75　**3** 75 度

解説

1 直径に対する円周角であるから，∠ADB＝90°
△ABD の内角の和より，
∠ABD＝180°－(90°＋25°)＝65°
円周角の定理により，∠ACD＝∠ABD＝65°

2 $\overset{\frown}{AC}$ に対する円周角と中心角の関係より，
∠ABC＝$\frac{1}{2}$∠AOC＝40°
△ABD で，内角の和から，
∠BDA＝180°－(40°＋65°)＝75°
対頂角は等しいので，
∠CDO＝∠BDA＝75°

3 $\overset{\frown}{AB}$ に対する円周角と中心角の関係より，
∠ACB＝$\frac{1}{2}$∠AOB＝49°

三角形の内角の和より，
∠x＝180°－(49°＋56°)＝75°

合同

本冊
P. 77

解答

1 4 cm　**2**，**3** は解説参照

解説

1 △ACD と △EGC において，
AD∥GC より，∠CDA＝∠GCE＝90° ……①
DE＝EC＝2 cm より，AD＝EC ……②
∠CAD＝90°－∠FCE＝∠GEC ……③
①，②，③より，1 辺とその両端の角がそれぞれ等しいから，△ACD≡△EGC
よって，GC＝CD＝4 cm

2 △APC と △BQA において，△ABC は正三角形だから，
∠ACP＝∠BAQ ……①
AC＝BA ……②
仮定より，CP＝AQ ……③
①，②，③より，2 辺とその間の角がそれぞれ等しいから，△APC≡△BQA

3 △PBC と △QDC において，
△BDC と △CPQ は正三角形だから，
BC＝DC …①
PC＝QC …②
∠PCB＝60°－∠BCQ
　　　＝∠QCD …③
①，②，③より，2 辺とその間の角がそれぞれ等しいから，△PBC≡△QDC

相似

本冊
P. 79

解答

1 解説参照　**2** △GDF
3 4.5　**4** 18 cm²

1 △ABC∽△GDC∽△GFE∽△BDE∽△BFC
∽△AFB である。
共通な角，平行線の錯角・同位角，対頂角が等
しいことを利用して証明する。
ここでは，△ABC∽△BFC を証明する。
△ABC と △BFC において，
∠ABC＝∠BFC＝90°，∠ACB＝∠BCF（共通）
よって，2組の角がそれぞれ等しいから，
△ABC∽△BFC

2 四角形 ABCD は平行四辺形だから，
AB∥DC より，∠ABF＝∠GDF
　　　　　　　∠BAF＝∠DGF
2組の角がそれぞれ等しいから，
△ABF∽△GDF である。

3 △ABC と △DBE において，
仮定より，∠BAC＝∠BDE…①
共通の角より，∠ABC＝∠DBE…②
①，②より，2組の角がそれぞれ等しいから，
△ABC∽△DBE
よって，BA：BD＝BC：BE
9：BD＝6：3
BD＝4.5

4 相似な図形の面積比は，相似比の2乗に等しい
から，8：△DEF＝2^2：3^2，4△DEF＝8×9，
△DEF＝18 cm^2

三平方の定理

本冊
P. 81

 $\sqrt{29}$ cm　**2** イ，オ　**3** $\sqrt{29}$

1 三平方の定理より，
BC＝$\sqrt{AB^2＋AC^2}$＝$\sqrt{4＋25}$＝$\sqrt{29}$ (cm)

2 一番長い辺の2乗が，他の2辺の2乗の和にな
っているものを選ぶ。$5^2＝3^2＋4^2$，
$(\sqrt{10})^2＝(\sqrt{3})^2＋(\sqrt{7})^2$ より，イとオ

3 AB＝$\sqrt{\{3－(－2)\}^2＋\{1－(－1)\}^2}$＝$\sqrt{29}$

作図

本冊
P. 83

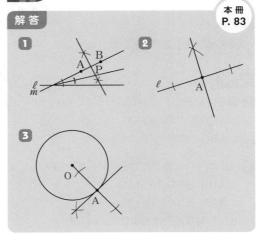

1 右の図のように，
点 C，D を定める。
直線 ℓ と直線 m から
等距離にある点は

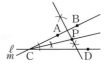

∠BCD の二等分線上にあるから，
Ⅰ　点 C を中心として適当な円をかく。
Ⅱ　Ⅰでかいた円と直線 ℓ，直線 m との交点を
　それぞれ中心として，半径の等しい円をかく。
Ⅲ　Ⅱでかいた円の交点と C を結ぶ直線をひく。
2点 A，B から等距離にある点は線分 AB の垂
直二等分線上にあるから，
Ⅳ　点 A，B をそれぞれ中心として，等しい半
　径の円をかく。
Ⅴ　Ⅳでかいた2つの円の交点を結ぶ直線をひ
　く。
Ⅵ　ⅢとⅤの直線の交点を P とする。

2 A を中心に円をかき，ℓ との交点を B，C とする。
B，C を中心に等しい半径の円をかき，その交
点と A を結ぶ。

3 半直線 OA をひき，A における OA の垂線を
ひく。

図形の移動と作図

本冊 P. 85

解答

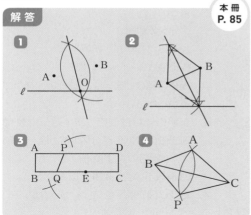

解説

1 OA＝OB となるから，点 O は AB の垂直二等分線上にある。

2 ひし形の 2 本の対角線は直交し，4 つの辺の長さは等しい。

3 点 A と点 E は PQ について線対称になるから，PQ は線分 AE の垂直二等分線。

4 B，C を中心として，それぞれ点 A を通る円をかき，A 以外の交点を P とし，B と P，C と P を結ぶ。

 場合の数

本冊 P. 87

解答

1 10　**2** 8通り　**3** 6個

解説

1 右の図のように 5 チームの場合には，10 本の線で結べるから，総試合数は 10 である。

2 男子が A のとき，女子は C～F の 4 人，男子が B のときも，同様に女子は 4 人の選び方があるから，全部で，4＋4＝8（通り）

---

3 偶数は一の位が 2 だから，（千の位，百の位，十の位）は (3，5，7)，(3，7，5)，(5，3，7)，(5，7，3)，(7，3，5)，(7，5，3) の 6 通りある。

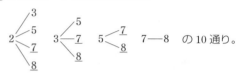 **確率**

本冊 P. 89

解答

1 $\frac{1}{6}$　**2** $\frac{3}{5}$　**3** $\frac{1}{5}$

解説

1 すべての場合の数は，$6 \times 6 = 36$（通り）
$p+q=7$ となるのは，$(p,\ q)=(1,\ 6)$, $(2,\ 5)$, $(3,\ 4)$, $(4,\ 3)$, $(5,\ 2)$, $(6,\ 1)$ の 6 通り。
よって，求める確率は，$\frac{6}{36}=\frac{1}{6}$

2 2 枚のカードの取り出し方は，

$$2 \begin{array}{l} 3 \\ 5 \\ 7 \\ 8 \end{array} \quad 3 \begin{array}{l} 5 \\ 7 \\ 8 \end{array} \quad 5 \begin{array}{l} 7 \\ 8 \end{array} \quad 7\!-\!8 \quad \text{の 10 通り。}$$

1 枚はダイヤ，もう 1 枚はスペードは，＿の 6 通りあるから，求める確率は，$\frac{6}{10}=\frac{3}{5}$

3 2 個の玉の取り出し方は，赤玉を赤，白玉を①，②，青玉を❶，❷，❸で表すと，
{赤, ①}, {赤, ②}, {赤, ❶}, {赤, ❷}, {赤, ❸},
{①, ②}, {①, ❶}, {①, ❷}, {①, ❸}, {②, ❶},
{②, ❷}, {②, ❸}, {❶, ❷}, {❶, ❸}, {❷, ❸}
の 15 通り。2 個とも青玉は＿＿の 3 通りより，
求める確率は，$\frac{3}{15}=\frac{1}{5}$

 データの活用

本冊 P. 91

解答

1 $x=53$，$y=305$　平均値…58.1 g

2 〔1〕12 分　〔2〕0.4

3 0.23

解説

1 階級値は，その階級のまん中の値だから，

$x=\dfrac{52+54}{2}=53$,

$y=$ 階級値×度数$=61×5=305$

平均値は，（階級値×度数）の合計を度数の合計でわればよいから，$1162÷20=58.1\,(\mathrm{g})$

2 (1) 12 分の生徒が一番多い

(2) 5 分以上 10 分未満の生徒は 6 人いるから，

相対度数は，$\dfrac{6}{15}=0.4$

3 合計が 30 個で 380 g 以上 390 g 未満の階級の度数は 7 だから，相対度数$=\dfrac{7}{30}=0.233\cdots$

データの比較

本冊 P. 93

解答

1 (1) 53 冊　(2) 55 冊　(3) イ，エ

2 (1) 第 1 四分位数…4.5 日

第 2 四分位数…7 日

A 市

(2) C 市

理由…範囲と四分位範囲がともに B 市より C 市のほうが大きいから。

解説

1 (1) 四分位範囲は $85-32=53\,(冊)$

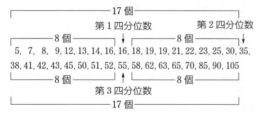

(2) 35 個のデータを小さい順に並べたときの真ん中にあたる 18 番目の 35 冊が第 2 四分位数。第 3 四分位数は第 2 四分位数の後ろにある 17 個のデータの真ん中にあたる 55 冊。

---17 個---

------8 個------　　　　第 1 四分位数　　　　第 2 四分位数

5，7，8，9，12，13，14，16，16，18，19，19，21，22，23，25，30，35，

38，41，42，43，45，50，51，52，55，58，62，63，65，70，85，90，105

------8 個------　　　　第 3 四分位数

---17 個---

(3) ア：B 組の四分位範囲は図 2 から，

$55-16=39\,(冊)$ となり，1 組のほうが大きい。

イ：データの範囲は

A 組は $115-15=100\,(冊)$，

B 組は $105-5=100\,(冊)$

ウ：A 組の箱ひげ図では，55 冊の生徒がいるかわからない。

エ：A 組の箱ひげ図で，第 1 四分位数 32 冊までのひげの部分に 8 人が入っていて，9 番目の人は 32 冊。したがって，33 冊以下の生徒は 9 人以上いる。

オ：箱ひげ図では平均値はわからない。

2 (1) データを小さい順に並べて 4 等分し，箱ひげ図をかく。

(2) 四分位範囲がせまければ中央値近くにデータが集まっており，広ければデータが散らばっていると言える。

標本調査

本冊 P. 95

解答

1 およそ 1000 個

2 およそ 2000 匹

解説

1 200 個に 4 個の割合で不良品がふくまれていると考えて，$50000×\dfrac{4}{200}=1000\,(個)$

2 700 匹のうち，印の付いた鯉は 42 匹だから，印の付いた鯉の割合は，$\dfrac{42}{700}=\dfrac{3}{50}$

全体でも同じ割合で印の付いた鯉がいると考えることができる。全体の鯉の数を x とすると，

$x×\dfrac{3}{50}=120$，$x=120×\dfrac{50}{3}=2000\,(匹)$